W0265098

GEORGES ET LES TRÉSORS DU COSMOS

Des mêmes auteurs, dans la même collection :

Georges et les secrets de l'Univers

Rejoignez Georges dans une autre dimension sur :

http://georges.pocketjeunesse.fr

LUCY & STEPHEN
HAWKING

Illustrations de Garry Parsons

Traduit de l'anglais par Frédérique Fraisse

POCKET JEUNESSE

Titre original :

George's Cosmic Treasure Hunt

Publié pour la première fois en 2009
par Doubleday, un département
de Random House Children's Books, Londres.

Loi n° 49 956 du 16 juillet 1949 sur les publications
destinées à la jeunesse : septembre 2009

Text copyright © Lucy Hawking, 2009
Illustrations by Garry Parsons
Inside page design by Clair Lansley
Illustrations/Diagrams copyright © Random House Children's Books, 2009

The right of Lucy Hawking to be identified
as the author of this work has been asserted in accordance
with the Copyright, Designs and Patents Act 1988.

All rights reserved. No part of this publication may be reproduced,
stored in a retrieval system, or transmitted
in any form or by any means, electronic, mechanical,
photocopying, recording or otherwise,
without the prior permission of the publishers.

© 2009, éditions Pocket Jeunesse, département d'Univers Poche,
pour la présente édition et la traduction française.

ISBN 978-2-266-18369-7

Pour Rose

GEORGES ET LES TRÉSORS DU COSMOS

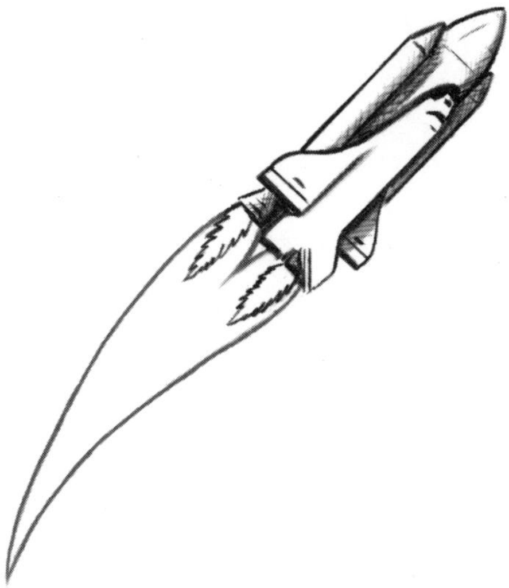

LES TOUTES DERNIÈRES THÉORIES SCIENTIFIQUES !
Retrouvez dans cet ouvrage quelques explications rédigées par d'éminents chercheurs, qui donnent un compte rendu fascinant des dernières théories scientifiques.

Prologue

— T moins sept minutes et trente secondes, annonça une voix de robot. Retrait du bras d'accès à l'orbiteur.

Installé dans le siège du commandant de la navette spatiale, Georges n'en menait pas large. Le grand jour était arrivé, et il ne pouvait plus faire marche arrière. Dans une poignée de minutes – bizarrement, elles s'écoulaient bien plus vite ici qu'en classe –, il quitterait la planète Terre. Direction le cosmos !

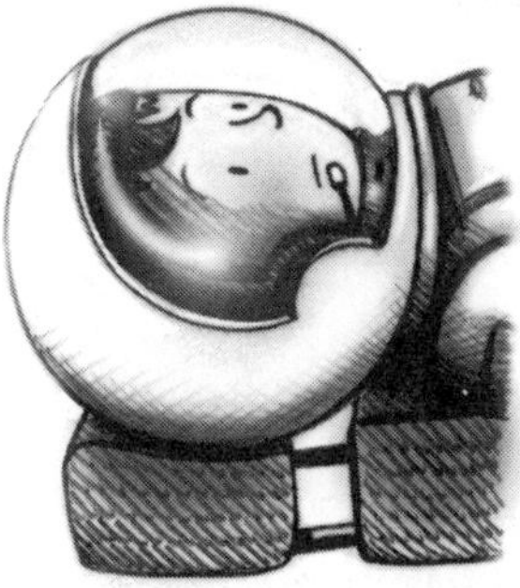

Le bras d'accès à l'orbiteur, qui formait un pont entre son vaisseau et le monde extérieur, ayant été retiré, Georges ne pouvait plus redescendre. Il s'agissait là d'une des dernières étapes avant le décollage. Les écoutilles d'accès se refermaient. Rectification : on les verrouillait ! Désormais, même s'il tambourinait à la trappe et suppliait qu'on le laisse sortir, il n'y aurait personne de l'autre côté pour l'entendre. Les astronautes demeuraient seuls dans leur immense navette en attendant le décollage imminent. Il ne lui restait plus qu'à attendre la fin du compte à rebours.

— T moins six minutes et quinze secondes. Séquence de prédémarrage des GAP.

Les GAP (Groupes Auxiliaires de Puissance) fournissaient de l'énergie à la navette pendant le lancement et l'atterrissage. Alimentés par du carburant, les trois GAP fonctionnaient depuis un moment. Grâce à eux, la navette prenait lentement vie, comme si elle savait que son heure de gloire n'allait plus tarder.

— T moins cinq minutes. Mise en route des GAP.

Georges avait l'impression que des bulles de champagne pétillaient dans son estomac. Plus que tout au monde, il rêvait de retourner dans l'espace. Et voilà qu'il patientait sur une aire de lancement à bord d'un vrai vaisseau spatial, parmi de vrais astronautes. Cette expérience était à la fois excitante et effrayante. Et si les choses tournaient mal ? Vu qu'il occupait le siège du commandant, la responsabilité de la navette lui incombait. Le pilote à ses côtés le secondait.

— Ainsi, vous êtes des astronautes partis vers l'au-delà et l'infini ? marmonna Georges.

— Pardon, commandant ? l'interrogea une voix dans ses écouteurs.

— Oh ! Euh... Rien, répondit Georges qui avait oublié que le centre de contrôle de lancement les entendait. Je me demandais juste ce que des extraterrestres nous diraient si nous en rencontrions.

Son interlocuteur étouffa un rire.

— Passez-leur le bonjour de notre part !

— T moins trois minutes et trois secondes. Amorçage des moteurs.

« Vroum vroum », pensa Georges. Les trois moteurs et les deux gros propulseurs leur procureraient de la vitesse pendant les premières secondes du décollage. À cet instant, la navette irait à 160 km/h, alors qu'elle aurait à peine quitté la tour de lancement. Ensuite, il lui faudrait huit petites minutes et demie pour atteindre les 28 000 km/h !

— T moins deux minutes. Rabattez vos visières.

Georges fut tenté d'appuyer sur l'un des milliers de boutons du tableau de bord, histoire de voir ce qui

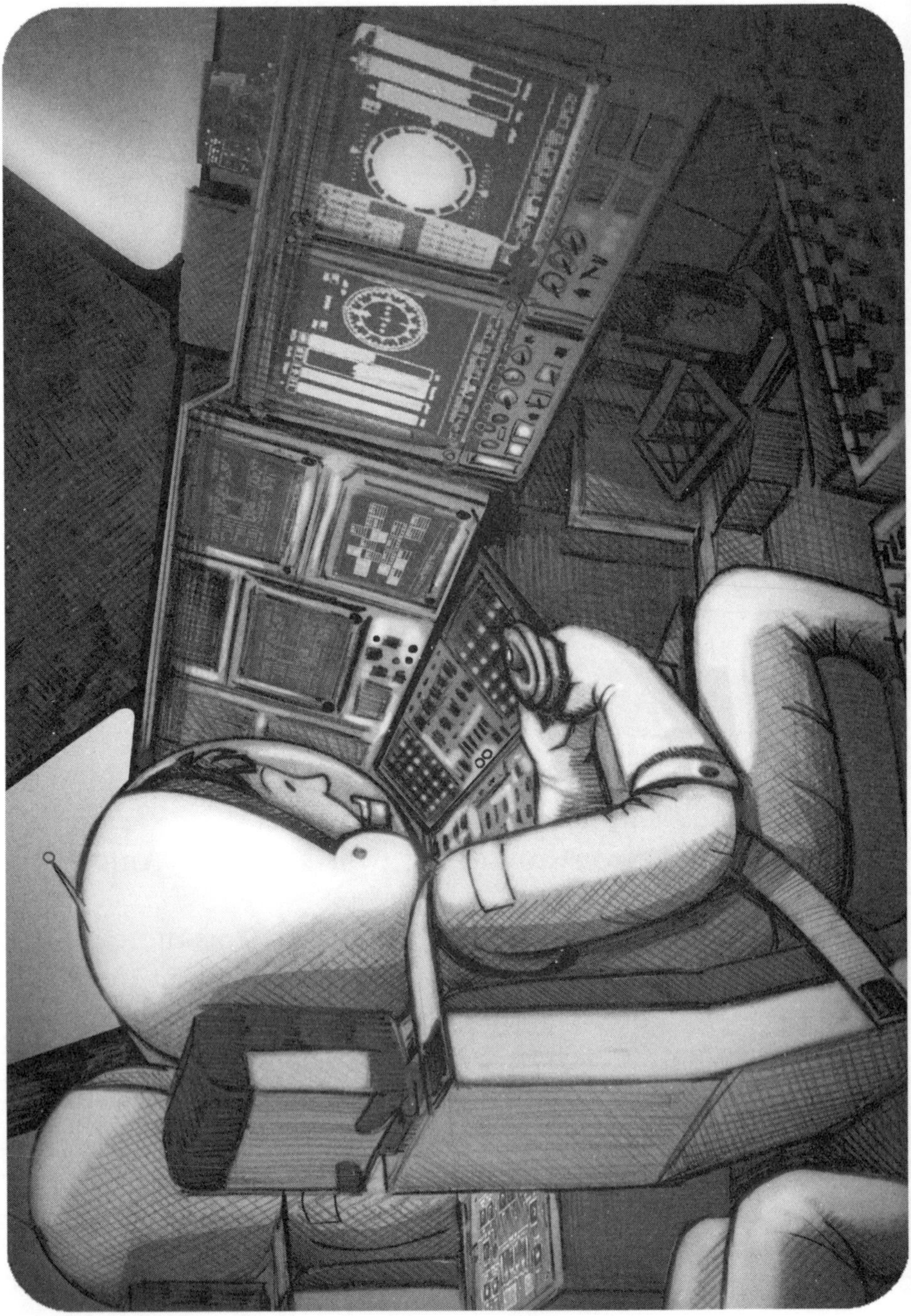

se passerait, mais il n'osa pas. Devant lui, il y avait la manette que le commandant – c'est-à-dire lui – devrait manipuler pour diriger la navette une fois dans l'espace puis s'arrimer à la Station spatiale internationale (ISS, en anglais). Il se serait cru au volant d'une voiture, sauf que la manette bougeait dans tous les sens, et pas uniquement à gauche et à droite comme un levier de vitesse. Il l'effleura par curiosité. Soudain, un des graphiques électroniques tremblota. Vite, il retira sa main, comme si de rien n'était.

— T moins cinquante-cinq secondes. Mise sous tension de l'orbiteur.

Les deux propulseurs enverraient la navette dans les airs, à environ 370 kilomètres de la Terre. Ils ne possédaient pas d'interrupteur. Une fois qu'ils étaient allumés, la navette montait.

« Au revoir, petite Terre, pensa Georges. Je reviens bientôt. » Il était un peu triste de quitter sa belle planète, ses amis et sa famille. Dans quelques heures, il serait en orbite au-dessus de leurs têtes tandis que le vaisseau s'amarrerait à la Station spatiale internationale. Il contemplerait la Terre, alors que l'ISS la survolerait à toute allure et effectuerait une orbite complète toutes les quatre-vingt-dix minutes. Depuis l'espace, il admirerait les contours des continents, des océans, des déserts, des forêts et des lacs, les lumières des grandes villes la nuit. Depuis l'Angleterre, ses parents et ses amis, Éric, Annie et Suzanne, n'apercevraient qu'un minuscule point lumineux se déplaçant vite dans le firmament par une nuit étoilée.

— T moins trente et une secondes. Mise en route de la séquence automatique.

Les astronautes se mirent à l'aise pour leur long

voyage. L'intérieur du cockpit lui parut étrangement exigu. Y pénétrer n'avait pas été aisé, et Georges avait dû demander l'aide d'un ingénieur pour grimper dans son siège. Comme la navette se trouvait à la verticale sur l'aire de lancement, tout était penché, si bien que les pieds de Georges étaient dirigés vers le nez de l'appareil et sa colonne vertébrale traçait une parallèle avec le sol au-dessous.

La navette en position fusée attendait de partir à travers le ciel, les nuages et l'atmosphère, droit vers le cosmos.

— T moins seize secondes, annonça calmement la voix de robot. Système de suppression du bruit par l'eau activé. T moins quinze secondes.

— Décollage dans moins de quinze secondes, commandant Georges, déclara son copilote.

— Ouah ! s'écria Georges.

« Je vais vomir... » pensa-t-il.

— Ouah ! répliqua le centre de contrôle. Commandant, nous vous souhaitons un bon vol !

Georges en frissonnait d'excitation. Au rythme du compte à rebours, chacune de ses respirations le rapprochait lentement du moment magique.

— T moins dix secondes.

Georges dut se pincer pour le croire !

Quand il regarda par le hublot, il aperçut de l'herbe verte et, au-dessus, le ciel bleu, où volaient quelques oiseaux. Allongé sur le dos dans son siège d'astronaute, il tenta de recouvrer son calme.

— T moins six secondes. Allumage des moteurs principaux.

Georges perçut un tremblement épouvantable tandis

que les trois moteurs principaux démarraient, et bien que la navette ne bougeât pas encore. Il entendit de nouveau le centre de contrôle à travers ses écouteurs.

— T moins cinq secondes. Quatre, trois, deux, un, zéro.

— Super, marmonna Georges alors qu'en son for intérieur il hurlait.

— T moins zéro. Allumage des propulseurs et décollage.

Les tremblements s'accentuèrent. Sous Georges et les autres astronautes, les deux propulseurs se mirent en route. Il eut l'impression d'un magistral coup de pied au derrière. Dans un grondement terrible, les fusées expédièrent la navette au firmament. Georges aurait été attaché à une pièce de feu d'artifice géante, il aurait eu les mêmes sensations. N'importe quoi pouvait arriver, à présent. Le vaisseau pouvait exploser, dévier de sa course et s'écraser sur Terre, échapper à leur contrôle en plein ciel. Et Georges ne pourrait rien empêcher.

Par le hublot, il contempla le bleu de l'atmosphère terrestre autour de la navette spatiale, tandis que la Terre avait disparu de son champ de vision. Il quittait sa belle planète ! Quelques secondes après le lancement, la navette effectua une rotation, si bien que les astronautes se retrouvèrent la tête en bas, sous le gros réservoir à combustible orange…

— Arrrrrggggghhhh ! hurla Georges. Nous sommes à l'envers. Nous voyageons dans le mauvais sens ! Au secours ! Au secours !

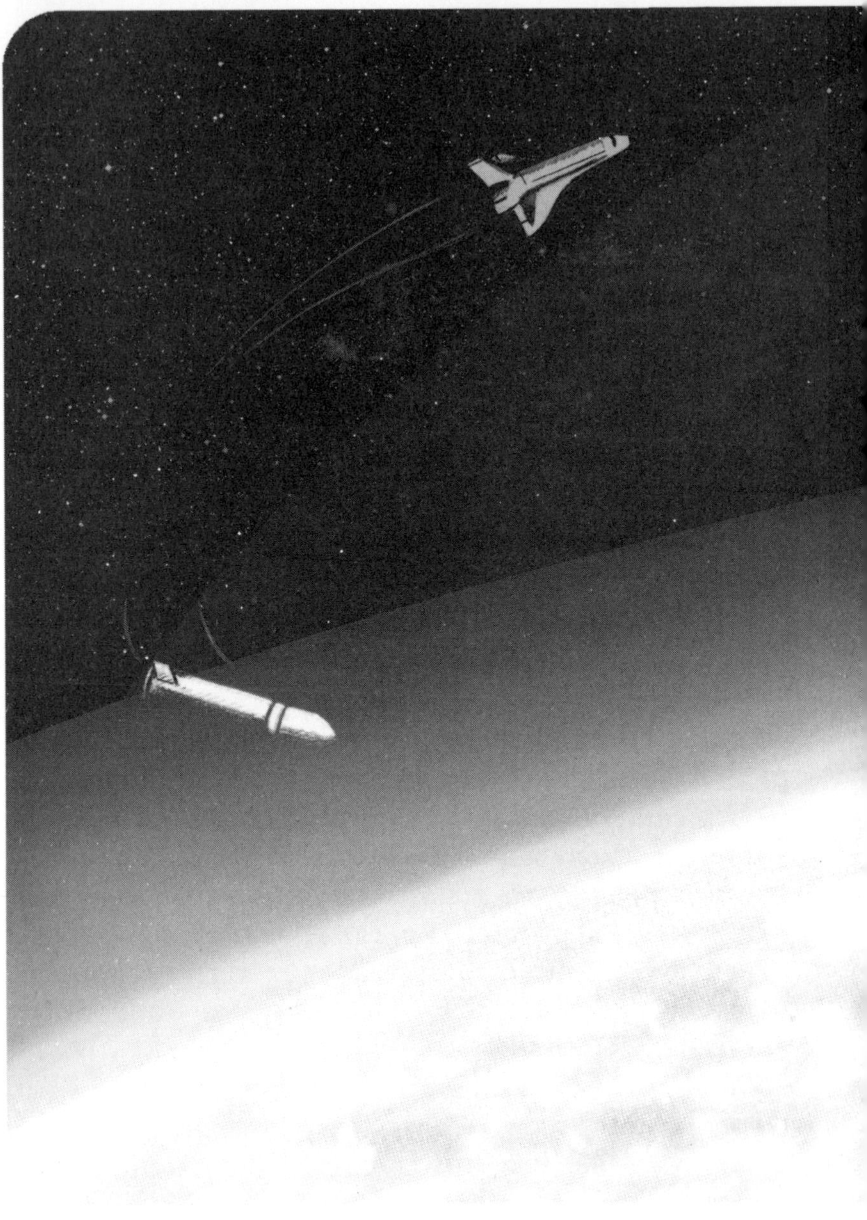

— Tout va bien, commandant. C'est la procédure habituelle.

Deux minutes après le lancement, une importante secousse agita la navette entière.

— C'était quoi, ça ? s'écria-t-il.

Dehors, le premier puis le second propulseur se détachèrent et s'éloignèrent de la navette en traçant un arc.

— Nous avons perdu quelque chose ! hurla Georges, paniqué.

— Ne vous inquiétez pas, le rassura son copilote. C'était prévu.

L'habitacle était soudain devenu paisible en l'absence des propulseurs, si paisible qu'un silence quasi palpable régnait dans l'orbiteur. Georges n'avait plus l'impression d'être comprimé dans son siège. Il était en apesanteur ! Il regarda de nouveau par le hublot et aurait aimé entendre des applaudissements. Brusquement, la navette roula sur le côté, si bien que l'orbiteur se retrouva cette fois-ci au-dessus du gros réservoir à combustible orange.

Au bout de huit minutes et trente secondes passées dans les airs – des siècles se seraient écoulés que Georges ne s'en serait pas aperçu –, les trois moteurs principaux s'éteignirent, et le réservoir à carburant externe se détacha.

— Il est parti ! commenta son copilote.

Et, par le hublot, Georges vit la citerne orange disparaître au loin avant de brûler dans l'atmosphère.

Enfin, ils traversèrent la frontière entre le bleu du ciel et le noir de l'espace. Autour d'eux brillaient les étoiles lointaines. Ils continuaient à s'élever mais, bientôt, ils atteindraient leur altitude maximale.

– Tous les systèmes fonctionnent, déclara le copilote, après avoir vérifié les lumières étincelantes sur le tableau de bord. Mise en orbite imminente, commandant. Y arriverez-vous ?

– Oui, affirma Georges, sûr de lui, avant de s'adresser au centre de contrôle des missions au Texas. Allô, Houston ? (Il répéta les mots les plus célèbres de l'histoire de la navigation spatiale.) Nous allons nous mettre en orbite. Vous m'entendez, Houston ? Ici, *Atlantis*. Nous allons nous mettre en orbite.

Dehors, dans le noir, les étoiles lui semblèrent soudain très brillantes. L'une d'elles s'approchait à une vitesse folle, l'aveuglait. Elle était si près et si luisante que…

Georges se réveilla en sursaut. Il se trouvait dans un lit inconnu. Quelqu'un lui braquait une lampe torche dans les yeux.

– Georges, souffla la silhouette. Georges, lève-toi ! C'est urgent !

Chapitre premier

Georges avait mis du temps à choisir sa tenue. « Recrée ton objet spatial préféré », lui avait conseillé Éric Bellis, son voisin scientifique qui l'avait invité à une fête costumée. Le problème était que Georges était si fasciné par l'espace qu'il ne parvenait pas à faire son choix.

Se déguiserait-il en Saturne avec ses anneaux ?

Et pourquoi pas en Pluton ?

Et s'il prenait l'apparence de la force la plus sombre et la plus puissante de l'Univers ? Un trou noir ! Il chassa vite cette idée car, bien qu'étonnants, immenses et fascinants, les trous noirs ne faisaient pas franchement partie de ses objets spatiaux préférés. En effet, comment être attiré par ce phénomène si glouton qu'il avalait tout ce qui passait à proximité, même la lumière ?

Finalement, Georges arrêta son choix. Alors qu'il cherchait des images du Système solaire sur Internet avec son père, ils étaient tombés sur un cliché de Mars envoyé par un rover – un robot qui explorait la surface de la planète rouge. On aurait dit qu'une personne marchait sur le sol martien. Dès qu'il vit la photo, Georges décida qu'il se déguiserait en créature de Mars à la fête d'Éric. Même Daniel, le père de Georges, s'enthousiasma à cette

idée. Bien entendu, ils savaient tous les deux que les Martiens n'existaient pas, qu'il s'agissait en vérité d'un effet d'optique – un reflet lumineux sur un affleurement rocheux. Mais c'était tellement génial d'imaginer que nous n'étions peut-être pas seuls dans l'Univers.

— Papa, tu crois qu'il y a quelqu'un, là-haut ? demanda Georges devant l'écran. Comme des Martiens ou des êtres qui vivraient dans une galaxie éloignée. Tu penses qu'ils nous rendront visite, un jour ?

— À mon avis, ils nous observent déjà et ils se demandent pourquoi nous dégradons notre belle et merveilleuse planète. Ils doivent se dire que nous sommes vraiment idiots. Oui, quel gâchis.

Les parents de Georges étaient des militants écologistes bien décidés à sauver la Terre. Fidèles à leurs principes, ils bannissaient de leur maison les gadgets électroniques, comme le téléphone et l'ordinateur... Jusqu'au jour où Georges avait gagné le premier prix du concours de sciences de l'école et remporté... un ordinateur. Il en rêvait depuis si longtemps que ses parents n'avaient pas eu le courage de le lui refuser.

En fait, depuis que l'informatique était entrée dans leur maison, Georges leur avait appris à naviguer sur Internet et les avait même aidés à créer une publicité en ligne avec un texte percutant. À côté d'une grande photo de Vénus, on pouvait lire : « QUI AIMERAIT VIVRE ICI ? Des nuages d'acide sulfurique, des températures avoisinant les 470 °C... Les mers se sont asséchées, l'atmosphère est si dense que les rayons du soleil ne la transpercent pas. Voici Vénus. Si nous n'y faisons pas attention, cette planète pourrait être la Terre. Aimeriez-vous vivre dans un monde tel que celui-ci ? » Georges était très fier de cette affiche, que ses parents et leurs amis avaient fait circuler dans le monde entier, grâce à Internet, pour promouvoir leur cause.

VÉNUS

Vénus est l'objet le plus brillant dans le ciel après le Soleil et la Lune. Connue depuis l'époque préhistorique, Vénus doit son nom à la déesse romaine de la beauté. Les astronomes de la Grèce antique pensaient avoir affaire à deux étoiles – une qui brillait le matin, Phosphorus (« Celui qui apporte la lumière »), et une le soir, Hesperus, jusqu'à ce que Pythagore, philosophe et mathématicien grec, comprenne qu'il ne s'agissait que d'un seul et même objet.

Vénus est la deuxième planète en partant du Soleil et la sixième plus grosse planète du Système solaire.

Vénus est souvent considérée comme la jumelle de la Terre, car leur taille, leur masse et leur composition sont à peu près équivalentes.

Mais Vénus est très différente de la Terre !

Son atmosphère très épaisse et toxique est principalement composée de dioxyde de carbone et de nuages d'acide sulfurique. Cette couche nuageuse est si dense qu'elle capture la chaleur, ce qui fait de Vénus la planète la plus chaude du Système solaire. La température à sa surface peut avoisiner les 470 °C – c'est si chaud que le plomb y fondrait ! La pression atmosphérique y est 90 fois plus élevée que sur Terre : si nous nous posions à la surface de Vénus, nous subirions une pression équivalente à celle du fond d'un océan très profond de notre planète.

Les nuages denses et tourbillonnants de Vénus ne se contentent pas de piéger la chaleur. Ils réfléchissent aussi la lumière du Soleil, raison pour laquelle la planète brille tellement la nuit. Vénus a peut-être eu des océans par le passé, mais l'eau a été vaporisée par l'effet de serre et s'est échappée de la planète.

Certains scientifiques pensent que l'effet de serre sur Vénus est un avant-goût de ce qui attend la Terre si nous ne nous préoccupons pas du réchauffement de notre planète.

Vénus serait le dernier endroit du Système solaire susceptible d'accueillir la vie.

Depuis *Mariner 2* en 1962, Vénus a reçu plus de 20 fois la visite de sondes spatiales. La toute première qui se soit jamais posée sur une autre planète se nommait *Venera 7.* Lancée par les Soviétiques, elle a atterri sur Vénus en 1970. *Venera 9* a eu le temps d'envoyer des photos de sa surface pendant 60 minutes puis elle a fondu sur cette planète hostile ! Plus tard, l'orbiteur américain *Magellan* a utilisé des radars pour envoyer des images détaillées de la surface de Vénus qui était auparavant cachée par les épais nuages contenus dans son atmosphère.

Vénus tourne sur elle-même dans le sens inverse de la Terre ! Si l'on pouvait voir le Soleil à travers l'épaisse couche nuageuse, il se lèverait à l'ouest et se coucherait à l'est. Vénus a donc un mouvement rétrograde, contrairement à la Terre dont la rotation est prograde.

Sur Vénus, une année dure moins longtemps qu'une journée sur Terre ! En effet, Vénus tourne si lentement qu'elle met moins de temps à graviter autour du Soleil qu'il ne lui en faut pour tourner une fois autour de son axe.

Une année sur Vénus = 224,7 jours terrestres.

Un jour sur Vénus
= 243 jours terrestres

Environ deux fois par siècle, Vénus passe entre la Terre et le Soleil. On parle alors de « transit de Vénus ». Ces transits surviennent toujours par paires à huit ans d'intervalle. Depuis l'invention du télescope, des transits ont été observés en 1631 et 1639, 1761 et 1769, 1874 et 1882. Le 8 juin 2004, les astronomes ont observé le petit point qu'est Vénus avancer sur le Soleil. Le prochain transit de ce début de XXIe siècle aura lieu le 6 juin 2012.

Vénus pivote sur son axe une fois tous les 243 jours terrestres.

Étant donné ce qu'il savait sur Vénus, Georges était à peu près sûr que cette planète malodorante et brûlante n'abritait aucune vie. Et il n'envisagea donc pas une seconde de se rendre à la fête d'Éric déguisé en Vénusien. Il préféra demander à sa maman, Rosemarie, de l'aider à fabriquer une drôle de tenue orange foncé, ainsi qu'un chapeau pointu assorti, afin de ressembler au Martien de l'ordinateur.

Vêtu de son costume, Georges souhaita une bonne soirée à ses parents, qui mitonnaient un repas bio pour des amis écologistes qu'ils avaient invités à dîner. Puis il se faufila par le trou de la clôture qui séparait son

jardin de celui d'Éric. Cette brèche était l'œuvre de Fred, le cochon domestique de Georges, que sa grand-mère lui avait offert. Un jour, Fred s'était échappé de sa porcherie, avait foncé dans le jardin voisin et pénétré dans la maison inhabitée par la porte de derrière. Tandis qu'il suivait les empreintes laissées par Fred, Georges était tombé nez à nez avec les nouveaux habitants, qui venaient d'emménager. Cette rencontre avec Éric et sa fille Annie avait changé la vie de Georges à jamais[1].

Éric lui avait montré son fabuleux ordinateur, Cosmos. Celui-ci était si intelligent et si puissant qu'il créait des portes par lesquelles Éric, Annie et Georges partaient visiter tous les recoins de l'Univers connu.

Mais Georges n'avait pas tardé à découvrir que l'espace était un endroit très dangereux. Une de leurs aventures spatiales s'était d'ailleurs achevée par l'explosion de Cosmos, alors qu'il organisait une mission de secours.

Depuis ce jour terrible, Cosmos ne fonctionnait plus, et Georges ne pouvait plus se promener dans le Système solaire et au-delà. L'ordinateur lui manquait mais, au moins, il avait Éric et Annie qu'il voyait autant qu'il voulait… sur Terre uniquement.

D'un pas pressé, Georges suivit l'allée du jardin jusqu'à la porte de derrière. De la maison illuminée lui parvenaient des bavardages et de la musique.

Dans la cuisine, Georges ne vit ni Annie, ni Éric, ni Suzanne, mais plein d'autres personnes. Dès qu'il entra, un invité lui présenta une assiette pleine de muffins argentés.

---

1. Voir *Georges et les secrets de l'Univers.*

— Une météorite ? proposa-t-il à Georges avec une voix guillerette. Ou peut-être devrais-je dire : un météoroïde ?

— Euh… Oui, merci, monsieur, répondit Georges, un peu surpris. Vos muffins ont l'air délicieux, ajouta-t-il en se servant.

— Si je faisais ceci, continua l'homme en laissant tomber quelques gâteaux par terre, alors je pourrais dire : « Tu veux goûter mes météorites ? » parce qu'elles auraient heurté le sol. Mais, quand je t'en ai offert une, elles étaient en suspension dans l'air. Donc, techniquement, elles se nommaient encore « météoroïdes ».

Rayonnant de joie, il regarda Georges puis les muffins à ses pieds.

— Tu comprends la différence, maintenant ? poursuivit-il. Un météoroïde est un morceau de roche qui vole dans les airs, et une météorite est cette même roche qui s'écrase sur Terre.

Son muffin à la main, Georges lui sourit poliment, hocha la tête et se mit à reculer à pas lents.

— Aïe ! couina quelqu'un.

— Désolé ! s'exclama Georges, qui se retourna.

— Ce n'est pas grave ! Tu m'as juste écrasé le pied, répliqua Annie, vêtue de noir. De toute manière, tu ne pouvais pas me voir, puisque je suis invisible !

Elle lui chipa son muffin et n'en fit qu'une bouchée.

— Tu t'es aperçu que j'étais dans la cuisine à cause de l'effet que je produis sur les objets autour de moi. Je suis quoi, à ton avis ?

— Un trou noir ! Tu engloutis tout ce qui passe à ta portée, espèce de gourmande.

— Non ! répondit Annie, extrêmement contente d'elle. Je savais que tu dirais ça, mais c'est faux ! Je suis... Je suis de la matière noire.

— Qu'est-ce que c'est ? l'interrogea Georges.

— Personne ne le sait, répondit Annie sur un ton mystérieux. Nous ne pouvons pas la voir, mais elle semble absolument essentielle à la cohésion des galaxies. Et toi ?

— Hum... Eh bien, je suis un habitant de Mars... Tu sais, d'après les photos...

— Ah oui ! On dira que tu es mon ancêtre martien. C'est cool !

Autour d'eux, la fête battait son plein. Des groupes d'adultes aux tenues plus extravagantes les unes que les autres grignotaient debout, buvaient, discutaient fort. Un homme s'était déguisé en four à micro-ondes, un autre en fusée. Une femme portait un badge représentant l'explosion d'une étoile. Un invité s'était coiffé d'une parabole miniature. Un scientifique bondissait à travers la pièce dans un costume vert fluo en répétant aux invités : « Conduisez-moi à votre chef ! » Plus loin, un type soufflait dans un énorme ballon sur lequel était écrit en majuscules : L'UNIVERS GONFLE. Un autre, vêtu de rouge, s'approchait des invités puis reculait en vitesse. À ses côtés, un savant portait autour du ventre des anneaux en plastique de tailles différentes, auxquels il avait fixé des balles. Chaque fois qu'il marchait, ses anneaux tournoyaient.

— Annie, murmura Georges, perplexe. Tu peux me dire en quoi ils sont tous déguisés ?

— Voyons... Leurs costumes ont tous un rapport avec l'espace. Il suffit de réfléchir un peu.

— Vas-y, je t'écoute.

— Eh bien, tu vois l'homme en rouge, là-bas ? Comme il évite tout le monde, il se prend pour un décalage vers le rouge.

— Un quoi ? marmonna Georges.

— Prenons un objet lointain dans l'Univers, comme une galaxie. Si elle s'éloigne de toi, sa lumière te paraîtra rouge. C'est tout simple ! Les autres se sont déguisés en objets que l'on trouve dans l'Univers, des micro-ondes ou des planètes distantes…

Annie répondait avec aisance, comme s'il était normal pour une fillette de son âge de connaître ce genre de choses et d'en discuter pendant une fête. Une fois de plus, Georges fut piqué par la jalousie. Il adorait les sciences et passait beaucoup de temps à lire à la bibliothèque, à chercher des articles sur Internet, à harceler Éric de questions… Georges voulait être scientifique, plus tard. Ainsi, il apprendrait tout ce qu'il y a à savoir, et peut-être ferait-il lui aussi des découvertes fantastiques ? De son côté, Annie semblait moins impressionnée par les merveilles de l'Univers.

Lors de leur première rencontre, Annie souhaitait devenir danseuse. Depuis, elle avait changé d'avis et choisi le métier de footballeuse. Désormais, au lieu de passer son temps libre en tutu rose et blanc, elle tapait sans arrêt dans un ballon au fond du jardin et obligeait Georges à jouer les gardiens de but. Malgré cela, elle s'y connaissait toujours plus en sciences que lui.

Le père d'Annie, Éric, apparut alors, vêtu de ses habits de tous les jours.

— Éric ! s'écria Georges, qui avait des centaines de questions à lui poser. Vous êtes déguisé en quoi ?

COMMENT LA LUMIÈRE VOYAGE-T-ELLE DANS L'ESPACE ?

L'un des phénomènes les plus importants dans l'Univers se nomme le « champ électromagnétique ». Il se produit partout. Non seulement il maintient les atomes ensemble, mais il oblige de minuscules morceaux d'atome (les électrons) à relier différents atomes ou à créer des courants électriques. Notre environnement est composé d'un très grand nombre d'atomes assemblés par le champ électromagnétique. Même les êtres vivants (les hommes, par exemple) ont besoin de lui pour exister et fonctionner.

L'oscillation d'un électron provoque des vagues dans le champ – comme si on agitait la main dans son bain, créant ainsi des ondulations dans l'eau. Ce sont des « ondes électromagnétiques ». Vu que ce champ se situe partout, les ondes voyagent dans l'Univers jusqu'à ce qu'elles soient stoppées par d'autres électrons qui absorbent leur énergie. Il en existe de différents types, comme celles qui affectent l'œil humain : les diverses couleurs de la lumière visible. Mais il y a aussi les ondes radio, les micro-ondes, les infrarouges, les ultraviolets, les rayons X, les rayons gamma. Les électrons sont constamment agités, par des atomes qui sont eux aussi tout le temps agités. Par conséquent, des ondes électromagnétiques sont sans cesse produites par des objets. À température ambiante, il y a beaucoup d'infrarouges, mais, dans des objets plus chauds, l'agitation devient plus violente et produit de la lumière visible.

La lumière voyage à 299 792,5 km/s. Cela semble très rapide, mais la lumière du Soleil met 8 minutes pour nous atteindre et celle de l'étoile la plus proche plus de 4 ans !

Des objets spatiaux très chauds comme les étoiles produisent une lumière visible, qui peut voyager très longtemps avant de heurter quelque chose. Quand nous regardons une étoile, sa lumière a pu se déplacer sereinement dans l'espace pendant des centaines d'années. Elle pénètre dans nos yeux et, quand elle agite les électrons de nos rétines, elle se transforme en électricité qui est envoyée *via* notre nerf optique à notre cerveau. Celui-ci dit alors : « Je vois une étoile ! » Si l'étoile est très éloignée, nous aurons peut-être besoin d'un télescope. Il recueillera assez de lumière pour que notre œil détecte cette étoile. Les électrons agités peuvent aussi créer une photographie ou envoyer un signal à un ordinateur.

L'Univers s'étend constamment, il gonfle comme un ballon. Cela signifie que les étoiles et les galaxies lointaines s'éloignent de la Terre. Cela étire leur lumière tandis qu'elle voyage dans l'espace et vient dans notre direction. Plus son voyage est long, plus elle s'étire. Cette extension fait que la lumière visible devient plus rouge – on appelle cela un « décalage vers le rouge ». Si elle voyageait assez loin et devenait assez rouge, la lumière ne serait plus visible et se transformerait d'abord en infrarouges puis en rayonnement micro-ondes (comme on en utilise sur Terre dans les micro-ondes). Voilà exactement ce qui est arrivé à la lumière incroyablement puissante du Big Bang : après avoir voyagé 13 milliards d'années, elle a été détectée en tant que micro-ondes venant de toutes les directions dans l'espace. On parle de « fond diffus cosmologique », ce qui n'est rien d'autre que la luminescence résiduelle du Big Bang lui-même.

— Moi ? Je suis la seule forme de vie intelligente dans l'Univers, répondit-il avec modestie.

— Pardon ? Vous êtes la seule personne intelligente de l'Univers ?

Éric éclata de rire et désigna les autres scientifiques.

— Pas si fort ! Tu risques de les vexer ! Je suis déguisé en être humain, la seule forme de vie intelligente qui soit, dans l'état actuel des connaissances.

— Oh ! lâcha Georges. Vous pouvez me dire en quoi vos amis sont déguisés ? Et pourquoi la lumière rouge signifie que quelque chose s'éloigne. Je n'ai pas compris...

— Tu comprendrais si quelqu'un prenait le temps de t'expliquer, répondit gentiment Éric.

— Vous, par exemple, le supplia Georges. Comme avec les trous noirs ! Je veux tout savoir sur l'Univers. Éric, parlez-moi des trucs rouges, de la matière noire et du reste !

— C'est-à-dire... bredouilla Éric. Georges, j'aimerais beaucoup discuter de l'Univers avec toi, mais il y a un léger problème : je n'en aurai peut-être pas le temps avant de... Attends, une seconde... J'ai une...

Il ne finit pas sa phrase, et son regard se perdit dans le vide, comme chaque fois qu'il réfléchissait. Il ôta ses lunettes et les nettoya avec le bas de son tee-shirt, puis les replaça de travers sur son nez, comme à son habitude.

— Je sais ! s'exclama-t-il soudain avec enthousiasme. Ce ne sera pas compliqué ! Georges, j'ai une idée.

Il s'empara d'une baguette et tapa sur un gong en cuivre, qui résonna longuement.

— Bien, approchez, je vous prie ! clama Éric. Allez, dépêchez-vous. J'ai quelque chose à vous dire.

Un courant d'excitation parcourut l'assistance.

— C'est avec grand plaisir que j'ai convié aujourd'hui l'Ordre des sciences à cette fête...

— Hourra ! s'écria quelqu'un au fond.

— J'aimerais que vous réfléchissiez tous à quelques questions que mon ami Georges m'a posées. Pour commencer, il meurt d'envie de savoir en quoi vous êtes déguisés.

Éric désigna l'homme aux anneaux.

— Je suis, déclara le scientifique d'un air enjoué, un système planétaire lointain, où nous pourrions trouver une autre planète Terre.

— Annie, chuchota Georges. T-Rex n'avait-il pas lui aussi l'intention de... découvrir de nouvelles planètes ?

Ancien collègue d'Éric, le professeur Tiburce Rex se servait de la science pour satisfaire ses propres intérêts. Il avait convaincu Éric qu'il avait trouvé une exoplanète (une planète en orbite autour d'une autre étoile que notre Soleil) capable d'accueillir des hommes. Mais, en vérité, il avait tendu un piège à Éric et l'avait envoyé près d'un trou noir durant ses recherches. Le professeur Rex comptait se débarrasser d'Éric afin de mettre la main sur Cosmos, l'ordinateur le plus puissant au monde. Mais ses sombres machinations avaient échoué, et Éric était revenu sain et sauf de son séjour dans un trou noir.

Nul ne savait où se trouvait le professeur Rex à présent, car il s'était enfui après l'échec de son plan diabolique. À l'époque, Georges avait supplié Éric de le punir, mais ce dernier avait préféré le laisser partir.

— La spécialité du professeur Rex consistait à chercher des planètes, commenta Annie. Mais nous ignorons s'il a fini par en découvrir une. Après tout, la planète qu'il a mentionnée dans sa lettre à papa existe peut-être !

— Merci, Sam. Combien de planètes as-tu déjà découvertes ?

— Pour le moment, répliqua Sam dont les anneaux tremblotaient quand il parlait, trois cent trente et une exoplanètes, dont plus d'une centaine qui orbitent autour d'étoiles à proximité. Parfois, plusieurs planètes gravitent autour d'une seule et même étoile. Je suis un système proche, qui comporte cinq planètes en orbite autour d'une étoile.

— Proche comment ? murmura Georges à l'oreille d'Annie, qui transmit le message à Éric.

Celui-ci lui répondit, et Annie relaya la réponse à Georges :

— Environ quarante années-lumière... C'est-à-dire 376 billions de kilomètres. Ce qui est proche à l'échelle de l'Univers.

— As-tu vu quelque chose qui ressemblerait à la Terre ? Une planète que nous pourrions habiter ?

— Certaines seraient des refuges possibles. Ce qui ne nous empêche pas de continuer notre chasse aux planètes.

— Merci, Sam, conclut Éric. Maintenant, j'aimerais que chacun d'entre vous réponde aux questions de Georges.

Il leur tendit des stylos et du papier.

— Avant la fin de la fête, pourriez-vous écrire une page ou deux sur la partie que vous considérez comme la plus intéressante de votre spécialité scientifique ?

N'hésitez pas à m'envoyer la suite par la poste ou par e-mail, si vous n'avez pas le temps de finir aujourd'hui.

Les savants semblaient ravis. Normal, ils adoraient parler de leur domaine de prédilection.

— Avant que vous retourniez à vos occupations, ajouta vite Éric, j'ai une autre petite annonce à faire et, cette fois-ci, elle me concerne. J'ai la joie et l'honneur de vous apprendre que j'ai décroché un nouveau poste. Je vais travailler pour l'Agence spatiale globale, où je chercherai des signes de vie dans notre Système solaire. Et je commencerai par Mars.

— Waouh ! s'exclama Georges. C'est génial !

Quand il se tourna vers Annie, il ne parvint pas à croiser son regard.

— Donc, dans quelques jours, ma famille et moi allons faire nos cartons et nous rendre au siège de l'Agence spatiale globale… aux États-Unis.

À cet instant, l'univers de Georges implosa.

Chapitre 2

Sous les yeux effarés de Georges, ses voisins se préparaient à partir et faisaient leurs malles. Comme il désirait passer le plus de temps possible avec eux avant qu'ils disparaissent de son existence, Georges se rendit tous les jours chez Éric. À l'intérieur de la

maison, toutes leurs affaires étaient empaquetées puis englouties dans de gros cartons portant des autocollants « Agence spatiale globale ». La valse des camions de déménagement donnait le tournis.

— Comme c'est chouette ! répétait sans arrêt Annie. Nous partons en Amérique. Je vais voir des stars d'Hollywood ! Manger d'énormes hamburgers ! Visiter New York !

Etc. Etc. Continuellement, elle parlait de la vie fabuleuse qui les attendait, dans ce pays où tout serait mieux… Parfois Georges lui glissait que ce ne serait peut-être pas aussi fantastique qu'elle le pensait. Mais

Annie était trop excitée par cette vie rêvée aux États-Unis pour lui prêter attention.

Éric et Suzanne dissimulèrent un peu mieux leur enthousiasme à la perspective de ce grand changement afin de ne pas trop contrarier Georges. C'était peine perdue... Un jour, alors que la maison était quasiment vide, Georges aidait Éric à emballer ses précieux objets scientifiques dans du papier journal avant de les déposer avec soin dans de grosses caisses.

— Vous reviendrez ? marmonna-t-il.

Dans la bibliothèque, il ne restait aucune photo aux murs, et les étagères qui tapissaient la pièce ne comptaient plus que quelques livres. La maison devenait aussi triste et vide que le jour où ils avaient emménagé.

— Cela dépend ! s'exclama Éric. Peut-être voudra-t-on bien de moi à bord de la prochaine mission spatiale, et qui sait si je ne resterai pas toute ma vie dans l'espace !

Quand il vit la mine déconfite de Georges, il se rattrapa :

— Non, non ! Ce n'est pas ce que je voulais dire ! Je ne vous abandonnerai pas. Je ferai un saut sur Terre de temps à autre.

— Reviendrez-vous vivre ici ? insista Georges. Dans votre maison ?

— Ce n'est pas vraiment la mienne, rectifia Éric. Un jour, on m'a proposé de venir ici afin que je puisse travailler en secret sur Cosmos. Mais, malheureusement, quelqu'un – Tiburce Rex, pour ne pas le nommer – m'avait précédé.

— Comment le professeur Rex a-t-il pu savoir que vous viendriez ici ? demanda Georges tout en empaquetant un vieux télescope.

— Eh bien... Maintenant que j'y repense, ce n'était pas très judicieux de ma part de choisir cette maison. Tu vois, elle appartenait à notre ancien directeur de labo, l'un des plus grands scientifiques qui aient jamais vécu. Nul ne sait où il se trouve aujourd'hui, comme s'il s'était envolé. Mais, avant son départ, il m'avait écrit que sa demeure serait l'endroit idéal pour finaliser Cosmos. Il savait que je devais mettre mon ordinateur à l'abri, mais en fait, ajouta Éric dans un soupir, je n'ai pas su le protéger...

Georges posa le télescope et attrapa son cartable. Il en sortit un paquet de biscuits à la confiture, qu'il tendit à Éric.

— Mes préférés ! s'exclama le scientifique. Et si je nous préparais une tasse de thé pour les accompagner ? Euh... Je crois que j'ai déjà emballé la bouilloire...

Georges croqua un biscuit avant de poursuivre, comme si c'était sa dernière chance de pouvoir poser la question.

— Éric, pourquoi vous ne fabriquez pas un autre Cosmos ?

— Si je le pouvais, je n'hésiterais pas. Mais mon directeur de labo, Tiburce Rex et moi avons conçu le prototype ensemble, il y a de nombreuses années. La version moderne de Cosmos comporte encore des caractéristiques originelles de ce premier ordinateur. Voilà pourquoi il m'est impossible d'en construire un autre. Sans mes deux partenaires, j'ignore par où commencer. L'un a disparu et l'autre… eh bien, nous connaissons son parcours.

Éric lécha la confiture au centre du biscuit.

— D'une certaine manière, poursuivit-il, la panne de Cosmos a changé nos vies. Sans lui, je dois chercher d'autres moyens de continuer mon travail dans l'espace. Et je ne m'angoisserai plus à l'idée que quelqu'un découvre mon super-ordinateur et essaie de le voler. Nous avons si souvent déménagé pour éloigner Cosmos de tout danger. Pauvre Annie, elle a vécu dans tellement de maisons différentes. Mais c'est ici qu'elle a été la plus heureuse.

— Ah oui… grogna Georges. On ne dirait pas…

— Elle ne veut pas te quitter, Georges. Tu es son meilleur ami. Tu vas lui manquer, même si elle ne le montre pas. Des amis comme toi, ça ne se trouve pas tous les jours.

— Elle me manquera aussi, marmonna Georges qui rougit jusqu'aux oreilles. Ainsi que Suzanne et vous.

— Nous nous reverrons, le rassura Éric. Et puis cela passera. En tout cas, si tu as besoin de moi, n'hésite pas à me contacter. Tu peux compter sur moi, Georges.

— Euh… Merci ! Au fait, est-ce bien raisonnable de partir ?

Georges s'accrochait à un dernier espoir.

— Oui, ajouta-t-il. Et si Rex vous suivait aux États-Unis ?

— Je ne crois pas que ce pauvre vieux Rex puisse me faire beaucoup de tort, maintenant…

— Ce pauvre vieux Rex ? s'écria Georges. Il vous a expédié dans un trou noir, et vous êtes désolé pour lui ? Je ne comprends plus. D'ailleurs, pourquoi ne lui avez-vous pas réglé son compte quand vous en aviez l'occasion ?

— J'ai déjà ruiné sa vie.

Éric ne laissa pas le temps à Georges d'intervenir :

— Écoute, vu ce qui s'est passé, il a eu sa revanche et je ne pense pas entendre à nouveau parler de lui. De toute manière, Cosmos ne fonctionne plus. Que voudrait-il de plus ? Ma famille et moi ne craignons rien. Et puis l'Agence spatiale globale m'a offert ce poste en or. Georges, je vais chercher des signes de vie sur Mars et dans le Système solaire ! Ça ne se refuse pas !

— J'imagine, marmonna Georges. Vous me préviendrez si vous trouvez quelque chose ?

— Promis. Tu seras parmi les premiers au courant. Au fait, j'aimerais que tu gardes ce télescope.

Il désigna le cylindre en bronze que Georges emballait consciencieusement.

— Pour que tu continues à regarder les étoiles.

— O.K. ! C'est vrai ? répondit Georges, tout content, en dépliant le journal et en soupesant le tube lisse et froid. Mais il a une très grande valeur !

— Toi aussi. Ainsi que les observations que tu feras quand tu t'en serviras. Pour t'aider, j'ai aussi un autre cadeau de départ pour toi.

Éric plongea la main dans un carton de livres et, l'air triomphant, il en sortit un volume jaune fluo qu'il agita devant lui. Le titre en lettres majuscules disait : *LE PETIT GUIDE DE L'UNIVERS*.

— Tu te souviens quand j'ai demandé à mes amis scientifiques, lors de la fête costumée, d'écrire une page qui répondrait à certaines questions que tu te poses ? Eh bien, j'ai réuni leurs réponses dans un livre que je vous remets, à toi et à Annie. Le voilà. Lis-le et rappelle-toi que je voulais que tu comprennes une chose sur le métier de scientifique. Mes amis – mes collègues – et moi aimons suivre les travaux des autres et en discuter. Nous échangeons nos théories, nos idées, et voici ce qui est vraiment important et amusant dans notre travail de scientifiques : avoir des confrères qui vous aident, vous inspirent et vous proposent des défis. Je te l'offre maintenant parce que je me suis dit que tu aimerais feuilleter les premières pages avec moi. C'est moi qui les ai écrites, ajouta-t-il modestement.

Éric commença sa lecture :

POURQUOI NOUS RENDONS-NOUS DANS L'ESPACE ?

Pourquoi nous rendons-nous dans l'espace ? Pourquoi tous ces efforts et tout cet argent pour quelques pierres de lune ? N'avons-nous pas mieux à faire ici, sur Terre ?

Eh bien, imaginons l'Europe avant 1492. À l'époque, les gens pensaient que c'était une grosse perte d'argent d'envoyer Christophe Colomb courir après une chimère. Puis il a découvert l'Amérique et beaucoup de choses ont changé. Tiens, sans lui, nous n'aurions peut-être jamais mangé de hamburger ! Ce n'est qu'un exemple…

L'exploration de l'espace aura un effet encore plus considérable. Elle changera complètement l'avenir des hommes et pourrait décider si, justement, nous avons un avenir.

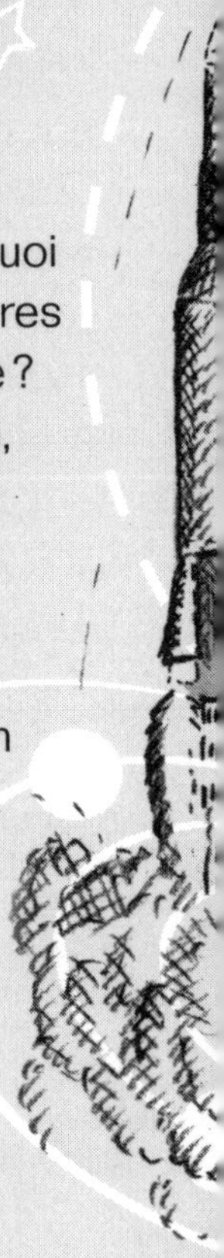

Elle ne résoudra pas tous nos problèmes actuels sur Terre, mais elle nous aidera à les appréhender de manière différente. L'heure est venue de regarder vers l'extérieur et l'Univers. Fini de se contempler le nombril sur une planète de plus en plus surpeuplée.

L'envoi de l'espèce humaine dans l'espace n'aura pas lieu du jour au lendemain. Il faudra au bas mot des centaines voire des milliers d'années. Mais nous pourrions avoir une base sur la Lune dans les trente ans à venir, atteindre Mars d'ici cinquante ans et explorer les lunes de planètes supérieures dans deux cents ans. Et je parle de vols habités. Nous avons déjà téléguidé des rovers sur Mars et posé une sonde sur Titan – une lune de Saturne –, mais puisqu'il s'agit de l'avenir des êtres humains, nous devons nous y rendre nous-mêmes et ne plus compter sur des robots.

Mais où aller ? Maintenant que des astronautes ont vécu des mois dans la Station spatiale internationale (ISS, en anglais), nous savons que des hommes peuvent survivre loin de la planète Terre. Nous savons également que vivre en apesanteur dans l'ISS pose de multiples problèmes. Ce n'est pas bon pour l'homme de demeurer longtemps en apesanteur, et si nous devions posséder une base spatiale, il faudrait la construire sur une planète ou une lune.

Laquelle choisir ? La réponse la plus évidente serait la Lune. Elle est proche de nous et assez accessible. Nous nous sommes déjà posés à sa surface et avons parcouru quelques kilomètres en jeep. D'un autre côté, la Lune est petite, sans atmosphère, sans champ magnétique pour dévier les particules de vent solaire comme sur Terre. Il n'y a pas d'eau liquide, mais peut-être de la glace dans les cratères aux pôles Nord et Sud. Une colonie basée sur la Lune pourrait l'utiliser comme source d'oxygène, et fonctionner grâce à l'énergie nucléaire ou à des panneaux solaires. La Lune pourrait être utilisée comme base pour des voyages vers le reste du Système solaire.

Et Mars ? C'est notre deuxième cible préférée. Mars est plus éloignée du Soleil que la Terre. Vu qu'elle est moins réchauffée par les rayons du Soleil, ses températures sont beaucoup plus froides. Autrefois, Mars disposait d'un champ magnétique, mais il s'est dégradé il y a 4 milliards d'années, emportant avec lui une grande partie de son atmosphère et laissant l'équivalent de 1 % de la pression terrestre (due au poids de l'air au-dessus de nous dans l'atmosphère).

Par le passé, la pression atmosphérique devait y être plus élevée car nous distinguons des canaux et des lacs asséchés. L'eau liquide ne peut pas exister sur Mars aujourd'hui parce qu'elle s'évaporerait.

Cependant, il y a beaucoup d'eau sous forme de glace au niveau des deux pôles. Si nous allions vivre sur Mars, nous pourrions l'utiliser, ainsi que les minéraux et les métaux que les volcans ont ramenés à la surface.

En conclusion, la Lune et Mars pourraient nous convenir. Quel autre choix se présente à nous dans le Système solaire ? Mercure et Vénus sont bien trop chaudes ; Jupiter et Saturne sont des géantes gazeuses sans surface solide…

Les lunes de Mars sont trop petites. Certaines lunes de Jupiter et de Saturne feraient peut-être l'affaire. Titan, une lune de Saturne, est plus grande et plus massive que notre Lune et possède une atmosphère dense. La mission *Cassini-Huygens* de la NASA (Administration nationale de l'aéronautique et de l'espace) et de l'ESA (Agence spatiale européenne) a posé une sonde sur Titan, qui a envoyé des images de sa surface. Néanmoins, ce satellite est très froid vu son éloignement du Soleil et ça ne me dit rien de vivre à côté d'un lac de méthane liquide.

Poussons plus loin, au-delà du Système solaire. Nous savons que quelques étoiles ont des planètes en orbite autour d'elles. Jusqu'à récemment, nous ne pouvions voir que des planètes géantes de la taille de Jupiter ou de Saturne. À présent, nous en repérons de plus petites, assez identiques à la Terre. Certaines se trouvent dans la zone habitable galactique. La distance entre elles et leur étoile impliquerait une présence d'eau à leur surface ; il existe peut-être un millier d'étoiles dans un rayon de 10 années-lumière autour de la Terre. Si 1 % d'entre elles ont une planète de la taille de la Terre dans la zone habitable galactique, nous voilà avec dix nouveaux mondes potentiels.

LE PETIT GUIDE DE L'UNIVERS

Pour l'instant, nous ne pouvons pas nous rendre loin dans l'Univers. En fait, nous ignorons comment nous serons capables de parcourir de telles distances. Ce sera donc notre principale mission dans les 200 à 500 prochaines années. Les hommes sont une espèce à part depuis environ 2 millions d'années. La civilisation a commencé il y a 10 000 ans et nous nous sommes développés à une vitesse toujours croissante. Aujourd'hui, nous vivons une époque où nous avons le courage de nous rendre où nul autre n'était allé auparavant. Qui sait ce que nous trouverons ? Qui sait ce que nous rencontrerons ?

Bonne chance lors de vos voyages cosmiques. J'espère que ce petit guide vous sera utile.

Avec mes meilleurs vœux interstellaires,

Éric

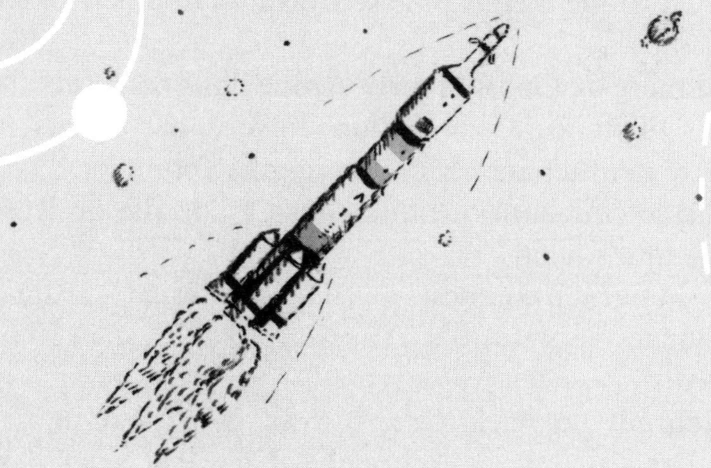

Chapitre 3

Finalement, le jour vint où les portes du dernier camion de déménagement se refermèrent. Sur le trottoir, Éric, Annie et Suzanne disaient au revoir à Georges et à ses parents.

— Ne vous inquiétez pas, les rassura le père de Georges. Je garderai un œil sur la maison pour vous et je m'occuperai un peu du jardin.

Il donna à Éric une poignée de main si ferme que le scientifique blêmit puis se frotta les doigts discrètement.

La mère de Georges serra Annie dans ses bras.

— Qui lancera son ballon de foot par-dessus ma clôture maintenant ? Mon potager va s'ennuyer...

Annie chuchota quelque chose à l'oreille de Rosemarie, qui sourit.

— Mais bien entendu ! s'exclama Rosemarie avant de se tourner vers son fils. Annie aimerait dire au revoir à Fred.

Georges hocha la tête : il avait trop peur de bredouiller s'il ouvrait la bouche. En silence, les deux amis traversèrent la maison et se rendirent dans le jardin.

— Au revoir, Fred, murmura Annie, penchée au-dessus de l'enclos. Tu vas tellement me manquer !

Georges inspira profondément.

— Tu lui manqueras aussi, dit-il d'une voix tremblotante à force de retenir ses larmes. Il t'aime vraiment beaucoup. Il a passé de super moments depuis que tu es là… Ce ne sera plus du tout pareil, une fois que tu seras partie.

— Moi aussi, je me suis bien amusée.

— Fred espère qu'en Amérique tu ne rencontreras pas un autre cochon que tu aimeras autant que lui.

— Je n'aimerai jamais un autre cochon autant que Fred, déclara Annie. C'est le plus merveilleux cochon que je connaisse.

— Annie ! appela Suzanne dans la maison. Annie, on s'en va !

— Fred te trouve géniale et il attend ton retour avec impatience.

— Au revoir, Georges.

— Au revoir, Annie. À bientôt dans l'espace !

La fillette s'éloigna à pas lents. Georges se faufila dans l'enclos et s'assit sur la paille chaude.

— Il ne reste plus que nous deux, Fred, mon cochon cosmique, soupira-t-il. Comme avant.

Après le départ des Bellis, un calme horrible s'installa dans le jardin. Les jours s'étiraient en longueur et se ressemblaient tous. Il n'y avait rien de spécial à signaler dans la vie de Georges, ces derniers temps. L'horrible professeur Rex avait quitté le collège et, depuis que Georges avait gagné le grand concours de sciences, il déjeunait tous les jours avec des amis. La bande qui lui pourrissait l'existence le laissait à présent tranquille. Chez lui, Georges se servait de son ordinateur pour faire ses devoirs et trouver des informations récentes – en sciences, généralement, sa matière préférée – et pour envoyer des e-mails à ses amis. Il surfait souvent sur des sites d'astronomie afin de se tenir au courant des nouvelles découvertes. Il adorait regarder les photos prises par les observatoires basés dans l'espace, comme le télescope

Hubble, et lire les comptes rendus des astronautes après une mission.

Mais, même si ces recherches le fascinaient, ce n'était pas pareil sans Annie et ses parents; il ne pouvait plus partager ses trouvailles avec eux. Tous les soirs, Georges contemplait le ciel en espérant voir une étoile filante tomber sur Terre, signe que ses aventures cosmiques ne seraient pas terminées. Aucune ne surgissait dans l'obscurité.

Un jour, alors qu'il avait perdu tout espoir, il reçut un e-mail très surprenant de la part d'Annie. Il lui avait écrit de nombreuses fois, et, en retour, elle lui rédigeait des messages décousus, pleins de longues histoires ennuyeuses à propos d'élèves qu'il n'avait jamais rencontrés.

Ce message-ci était différent :

Georges,
Maman et papa ont écrit à tes parents pour t'inviter à passer les vacances chez nous. TU DOIS VENIR ! En fait, j'ai besoin de toi pour une mission... COSMIQUE ! Ne fais pas ta poule mouillée... Un conseil, ne parle pas de nos aventures spatiales, tes parents ne comprendraient pas ! Même papa a dit NON alors que la situation est trop grave. Dis que tu viens pour des vacances normales. TA COMBINAISON SPATIALE EST PRÊTE ! A+ DANS L'UNIVERS ! ANNIE.

Georges lui répondit aussitôt :

Quoi ?? Quand ?? Où ??

La réponse d'Annie fut très courte :

Je ne peux pas t'en dire plus. Arrange-toi pour venir. Dévalise une banque et arrive. Biz, A.

Abasourdi, Georges demeura rivé devant son écran. Il mourait d'envie de se rendre chez Annie en Floride, d'autant plus qu'il y avait une aventure spatiale à la clé ! Mais comment ? Par quel moyen se rendre aux États-Unis ? Et si ses parents disaient non ? Serait-il obligé de fuguer et de se cacher dans un paquebot à destination du Nouveau Monde ? Ou de monter en douce dans un avion ? Après tout, il était déjà allé dans l'espace en passant par un portail créé par un ordinateur, alors que c'était interdit. Tout à coup, partir aux États-Unis lui sembla bien plus compliqué que récupérer quelqu'un dans un trou noir. « La vie sur Terre... pensa-t-il. La vie sur Terre ne vaut pas la vie dans l'espace. »

Et là il eut une idée de génie : mamie ! C'était d'elle qu'il avait besoin ! Vite, il lui envoya un message :

> Chère mamie,
> Je dois aller en Amérique BIENTÔT.
> Une amie m'a invité, et c'est très, très important. Désolé, je ne peux pas t'expliquer maintenant. Tu peux m'aider ?

La réponse lui parvint au bout de quelques secondes :

> J'arrive, Georges. Ne bouge pas, je vais arranger cela. Je t'aime, Mamie.

Et effectivement, une heure plus tard, quelqu'un tambourina à la porte d'entrée. Le père de Georges alla ouvrir, mais à peine avait-il mis la main sur la poignée que sa mère entra telle une furie, canne en avant, l'air très en colère.

— Daniel ! Georges doit se rendre en Amérique chez des amis, annonça-t-elle sans dire bonjour, la canne pointée en direction de son fils.

— Maman ! s'exclama Daniel, apparemment énervé. Comment oses-tu te mêler de cela ?

— Je ne t'entends pas. Tu as oublié que j'étais sourde ?

Elle brandit un carnet et un crayon.

— Non, je n'ai pas oublié, marmonna-t-il entre ses dents.

Que Georges aille en Floride ou non, ce ne sont pas tes affaires, écrivit-il dans son carnet.

Mamie fit un clin d'œil complice à Georges, qui lui décocha un rapide sourire.

De retour du jardin, Rosemarie s'approcha. Elle frottait ses mains sales dans un torchon.

— Voilà qui est étrange. Nous avons reçu ce matin une lettre de Suzanne et d'Éric, qui t'invitent pendant les vacances scolaires. Comment mamie peut-elle déjà être au courant ?

— Euh… Elle est peut-être médium, tenta Georges.

— Je vois… continua Rosemarie, perplexe. Suzanne et Éric avaient décidé de nous prévenir en premier, au cas où nous ne pourrions pas t'envoyer. Ils ne voulaient pas que tu sois déçu, tu comprends… Georges, nous n'avons pas les moyens de t'offrir le billet.

— Alors, c'est moi qui paierai, rétorqua mamie.

— Tu n'es plus sourde ? remarqua Daniel, qui griffonnait dans le carnet.

— Je lis sur les lèvres, répondit mamie en toute hâte. Je n'entends absolument rien, comme tu le sais.

Vous ne pouvez pas vous permettre une telle folie, écrivit Rosemarie.

— Je fais ce que je veux, quand je veux ! s'écria mamie. J'ai plein d'argent caché sous mon plancher ! Plus que vous ne pourriez en dépenser ! Et si vous refusez d'envoyer ce petit seul, alors je l'accompagnerai ! J'ai des amis en Floride que je n'ai pas vus depuis des années. Qu'en penses-tu, Georges ?

Rayonnant de joie, Georges hocha la tête tellement de fois qu'il crut qu'elle allait se décrocher. Puis il se tourna vers ses parents pour voir leur réaction. Il aurait parié qu'ils refuseraient en bloc, car il lui faudrait voyager en avion – un mode de transport qu'ils désapprouvaient, en théorie.

Par chance, mamie avait déjà réfléchi au problème !

— Vous savez, lança-t-elle avec désinvolture, je ne vois pas pourquoi Georges et moi serions les seuls à partir... Cela fait très longtemps que Rosemarie et toi n'avez pas quitté ce pays. Il y a sûrement une destination qui vous attire, un endroit où vous pourriez changer les choses... si seulement vous disposiez de temps et d'un billet d'avion...

Daniel en demeura bouche bée. Et là, Georges comprit que son ingénieuse grand-mère avait marqué un point.

— Aucune expédition que vous aimeriez entreprendre ? insista-t-elle.

Sur le visage de son fils, la colère avait fait place à l'espoir.

— Tu sais, Rosemarie, si Georges allait en vacances en Floride et si mamie nous aidait à payer le billet d'avion, nous pourrions faire ce voyage dans le Pacifique Sud dont nous rêvons depuis longtemps et contacter là-bas les associations de défense de l'environnement.

Rosemarie réfléchit quelques secondes.

— Pourquoi pas ? Éric et Suzanne prendront bien soin de Georges.

— Excellent ! s'écria mamie, déterminée à conclure le marché avant que quelqu'un change d'avis. Voilà ce que nous allons faire : Georges va en Floride et vous prenez des vacances – je veux dire, vous partez sauver le monde. Je m'occupe des billets, et au revoir l'Angleterre !

Le père de Georges secoua la tête.

— Maman, tu n'entendrais pas quand ça t'arrange ?

Un sourire plein de regrets aux lèvres, mamie désigna ses oreilles.

— Pardon ? Qu'est-ce que tu dis ?

Georges faillit éclater de rire. Grâce à l'intervention de mamie, il irait en Amérique, où Annie l'attendait pour lui annoncer une découverte sensationnelle ! Il se sentait un peu coupable vis-à-vis de ses parents. Ils pensaient lui offrir de gentilles petites vacances à l'étranger, mais Georges connaissait bien Annie et sentait que ce voyage ne serait pas de tout repos. N'avait-elle pas parlé de combinaisons spatiales dans son message, celles qu'ils avaient portées pour visiter le Système solaire ? Annie avait dû découvrir un secret en rapport avec l'espace et elle avait besoin d'un bras droit. Il retint son souffle quand sa mère prit la parole.

— C'est d'accord, déclara-t-elle au bout d'une éternité. Si mamie t'emmène en Floride, si Éric et Suzanne te récupèrent à la minute où ton avion se pose et s'occupent de toi vingt-quatre heures sur vingt-quatre, je ne peux pas dire non.

— Super ! s'exclama Georges en donnant des coups de poing dans le vide. Merci, maman ! Merci, papa ! Merci, mamie ! Je vais faire mon sac !

Tel un petit tourbillon, il monta dans sa chambre.

C'était tellement génial de préparer son sac plutôt que de regarder quelqu'un d'autre le remplir à votre place. Fou de joie, il éparpilla ses affaires dans la pièce et provoqua une pagaille monstre.

Comme il ignorait tout de l'Amérique, à part ce qu'il avait vu à la télé chez des amis, il ne savait pas trop ce dont il aurait besoin en Floride. Un skate-board ? Des habits décontractés ? Il ne possédait rien de tout cela. Il choisit donc quelques livres, des vêtements, et rangea son précieux *Petit Guide de l'Univers* dans son sac d'école, qui ne le quitterait pas dans l'avion. Quant à son expédition dans l'espace, Georges savait que les astronautes n'emportaient qu'une tenue de rechange et du chocolat. Seulement ils voyageaient en navette spatiale, et il doutait qu'Annie en ait loué une pour l'occasion.

Tandis que Georges remplissait sa valise, ses parents s'affairaient de leur côté. Ils avaient décidé d'agir pour la Terre en l'absence de leur fils. Ils rejoindraient un bateau dans le Pacifique Sud et aideraient des insulaires dont la vie était menacée par la montée de l'océan.

— Nous te contacterons aussi souvent que possible depuis les îles en péril, par e-mail ou par téléphone, l'avait prévenu son père. Pour savoir comment tu t'en sors. Éric et Suzanne nous ont promis qu'ils s'occuperaient de toi. Et mamie, ajouta-t-il dans un soupir, ne sera pas loin, si tu as besoin d'elle.

Même Fred serait absent : il passerait l'été à la ferme pédagogique locale.

Georges ne trouva pas le sommeil la nuit précédant le vol. Il partait aux États-Unis voir sa meilleure amie et il retournerait peut-être – oui, peut-être – dans l'espace. Il avait déjà fait le tour du Système solaire, mais il n'avait jamais voyagé en avion, ce qui l'enthousiasmait tout autant ! Après l'espace, il traverserait l'atmosphère terrestre, il volerait là où le ciel était encore bleu, avant qu'il se transforme en noir spatial.

Dans l'avion, il ne cessa de regarder par le hublot les nuages moutonneux en contrebas. Au loin, le Soleil, l'étoile au centre de notre Système solaire, diffusait chaleur et énergie. Et puis il y avait sa planète qu'il voyait par fragments quand les nuages s'écartaient.

Mamie dormit une grande partie du voyage. Les petits bruits qui sortaient de sa bouche lui rappelèrent Fred pendant son sommeil. Georges prit son *Petit Guide de l'Univers* et lut le chapitre sur un autre voyage… à travers l'Univers, celui-là.

VOYAGER À TRAVERS L'UNIVERS

Partons à présent en voyage à travers l'Univers !

Avant notre départ, attardons-nous sur les mots « voyage » et « Univers ». Ce dernier signifie littéralement « tout ce qui existe ». Toutefois, l'histoire de l'astronomie peut être considérée comme une suite de pas au fur et à mesure desquels l'Univers paraît de plus en plus grand. Voilà pourquoi le sens de « tout » n'a cessé de changer.

De nos jours, la plupart des cosmologistes acceptent la théorie du Big Bang, selon laquelle l'Univers a débuté sous la forme d'une grosse compression il y a 14 milliards d'années. Ainsi, le point le plus éloigné que nous voyons correspond à la distance parcourue par la lumière depuis le Big Bang. Voilà qui définit la taille de l'Univers observable.

Que signifie à présent « voyage » ? D'abord, nous devons établir une distinction entre « regarder l'Univers » et « voyager dans l'Univers ». Le travail des astronomes consiste à regarder le présent, mais aussi le passé, comme nous allons le voir. Le travail des astronautes consiste à voyager dans l'espace, mais il existe une autre forme de voyage : plus nous repoussons les limites de l'Univers observable, plus l'échelle de l'Univers vue par la pensée humaine se dévoile.

Voyage dans le passé

Les informations que les astronomes reçoivent viennent des ondes électromagnétiques qui voyagent à la vitesse de la lumière (299 792,5 km/s). C'est très rapide mais aussi très limité ; les astronomes utilisent souvent la vitesse de propagation de la lumière pour mesurer les distances. La lumière du Soleil met plusieurs minutes pour nous atteindre, celle de l'étoile la plus proche des années, celle de la galaxie géante la plus proche (Andromède) des millions d'années et celle des galaxies les plus éloignées plusieurs milliards d'années.

Par conséquent, quand on observe un objet à une très grande distance, on plonge dans le passé. Par exemple, si nous contemplons une galaxie à 10 millions d'années-lumière de nous, nous la voyons telle qu'elle était il y a 10 millions d'années ! Un voyage dans l'Univers ne se déroule pas seulement dans l'espace mais aussi dans le temps – jusqu'au Big Bang.

En vérité, nous ne pouvons pas observer tout le chemin depuis le Big Bang. L'Univers primitif était si chaud qu'il a fabriqué un brouillard de particules impénétrable. Au fur et à mesure que l'Univers s'est étendu, il a refroidi et le brouillard s'est levé environ 400 000 ans après le Big Bang. Cependant, nous pouvons utiliser nos théories pour spéculer sur l'apparence de l'Univers auparavant. Puisque la densité et la température croissent à mesure que nous remontons le temps, notre spéculation dépend de nos théories sur la physique des hautes énergies. À présent, nous avons une image assez complète de l'histoire de l'Univers.

On pourrait croire que notre voyage dans le passé se terminerait à l'instant du Big Bang. Les scientifiques essaient actuellement de comprendre la physique de la création elle-même et le mécanisme qui a pu produire notre Univers, et peut en principe encore en générer d'autres. Par exemple, certains savants pensent que l'Univers traverse des cycles d'expansion et de contraction, ce qui nous donne des univers échelonnés dans le temps. D'autres croient que notre Univers est juste une des nombreuses « bulles » disséminées dans l'espace. Ce sont des variantes de ce qu'on appelle la « théorie des multivers ».

Voyage dans l'espace

Voyager physiquement dans l'Univers relève du défi, à cause du temps que cela prendrait. La théorie de la relativité restreinte d'Einstein (1905) suggère qu'aucune navette spatiale ne peut voyager plus vite que la lumière. Par conséquent, il faudrait au moins 100 000 ans pour traverser la Galaxie et 10 milliards d'années pour traverser l'Univers (selon une personne restée sur Terre). La relativité restreinte prédit aussi que le temps s'écoule plus lentement pour les observateurs en mouvement, si bien que le voyage serait plus rapide pour les astronautes. En effet, si on voyage à la vitesse de la lumière, le temps se fige.

Aucun vaisseau ne peut voyager aussi vite que la lumière, mais on pourrait graduellement accélérer jusqu'à atteindre cette vitesse maximale. Le temps expérimenté serait alors plus court que celui de la Terre. Par exemple, si nous étions propulsés avec l'accélération avec laquelle les corps tombent sur la Terre à cause de la gravité, un voyage à travers la Galaxie ne nous prendrait apparemment qu'une trentaine d'années. Nous pourrions revenir sur Terre de notre vivant, alors que nos amis seraient morts depuis bien longtemps. Si nous continuions notre accélération au-delà de la Galaxie pendant un siècle, nous pourrions – en principe – nous rendre jusqu'au bord de l'Univers actuellement observable !

La théorie de la relativité générale d'Einstein (1915) permet d'envisager des possibilités encore plus exotiques. Par exemple, les astronautes pourront peut-être un jour utiliser les trous de ver ou les déformations spatiales – comme dans *Star Trek* et d'autres séries télévisées populaires – afin de rendre ces voyages encore plus rapides et de rentrer chez eux sans avoir perdu aucun ami. Mais cela n'est que pure spéculation.

Voyage dans l'histoire de la pensée humaine

Pour la Grèce antique, la Terre se trouvait au centre de l'Univers ; les planètes, le Soleil et les étoiles étaient, eux, relativement près. Cette vision « géocentrique » (*géo* = Terre) a été réfutée au XVIe siècle, quand Copernic a démontré que la Terre et les autres planètes se déplaçaient autour du Soleil (*helios*). Toutefois, cette vision « héliocentrique » n'a pas duré très longtemps. Plusieurs décennies plus tard, Galilée s'est servi de sa dernière invention, le télescope, pour prouver que la Voie lactée – une simple bande de lumière dans le ciel à l'époque – était composée de nombreuses étoiles telles que le Soleil. Cette découverte a non seulement diminué le statut du Soleil, mais aussi considérablement accru la taille de l'Univers connu.

Au XVIIIe siècle, il était admis que la Voie lactée était un disque d'étoiles (la Galaxie), maintenu par la gravité. Cependant, la plupart des astronomes croyaient encore que la Voie lactée englobait tout l'Univers, et cette vision « galactocentrique » a tenu bon jusqu'au XXe siècle. Puis, en 1924, Edwin Hubble a mesuré la distance jusqu'à la galaxie la plus proche (notre voisine Andromède) et a montré qu'elle se trouvait au-delà de la Voie lactée. Voilà qui augmentait la taille de l'Univers !

Les années suivantes, Hubble a recueilli des données sur plusieurs douzaines de galaxies voisines montrant qu'elles s'éloignent de nous à une vitesse proportionnelle à leur distance par rapport à nous. Imaginons l'espace comme la surface d'un ballon sur lequel seraient représentées les galaxies et qui gonflerait. Cette expansion porte le nom de « loi de Hubble ». Aujourd'hui, on sait que cette loi s'applique à des distances équivalant à des dizaines de milliards d'années-lumière, une région contenant des centaines de milliards de galaxies. Nouveau changement d'échelle !

La vision « cosmocentrique » considère qu'il s'agit du dernier changement de taille de l'Univers. En effet, l'expansion cosmique implique que plus on recule dans le temps, plus les galaxies se rapprochent et finissent par fusionner. Auparavant, la densité continue de s'accroître – jusqu'au Big Bang il y a 14 milliards d'années – et nous ne pourrons jamais voir au-delà de la distance parcourue par la lumière depuis. Pourtant, il y a eu récemment un nouveau développement intéressant : même si on s'attend que l'expansion de l'Univers ralentisse à cause de la gravité, les observations actuelles suggèrent qu'elle accélère. Les théories prétendent que notre Univers observable ferait partie d'une plus grande « bulle » ; et cette bulle ne serait qu'une parmi d'autres, comme dans la théorie des multivers !

Et ensuite ?

La conclusion de ces trois voyages – le premier dans le passé, le deuxième dans l'espace et le troisième dans l'histoire de la pensée humaine – est la même : ces univers inobservables sont entraperçus au travers de théories et visités uniquement par nos esprits.

Je me demande ce que les astronomes de demain découvriront…

Bernard

À l'aéroport, Georges et sa grand-mère firent la queue au service d'immigration et des douanes. Éric et Annie les attendaient au terminal d'arrivée. Dès qu'elle le vit, Annie poussa de petits cris et bondit derrière la barrière.

— Georges ! hurla-t-elle. Georges !

Elle se faufila sous le cordon de sécurité et le prit dans ses bras. Elle paraissait plus grande et plus bronzée que dans ses souvenirs. Tout en le serrant, elle lui murmura à l'oreille :

— Je suis tellement contente que tu sois venu ! Je ne

peux rien te dire maintenant, mais il y a urgence ! Souviens-toi : pas un mot à qui que ce soit !

Elle s'empara de son chariot et fonça vers Éric. Georges et sa grand-mère durent courir derrière elle.

Georges eut un choc quand il vit l'air épuisé de son ami. Des cheveux blancs parsemaient sa tignasse noire. Mais Éric sourit dès qu'il vit Georges, et son visage s'illumina comme avant.

Mamie serra la main d'Éric et lui demanda d'écrire ses éventuelles questions dans son carnet. Puis elle lui remit une enveloppe sur laquelle était écrit « Pour

Georges, en cas d'urgence», embrassa son petit-fils et sourit à Annie avant de rejoindre ses amis venus l'accueillir à l'aéroport.

— De vieux farfelus qui vivent non loin d'Éric et de Suzanne, avait-elle dit à Georges. Une belle occasion pour nous de parler de notre jeunesse !

Mais les personnes qui l'attendaient parurent à Georges si âgées et si ratatinées qu'il douta qu'elles aient été jeunes un jour et fait les quatre cents coups avec sa grand-mère ! Quand il la vit s'éloigner en titubant, son cœur se serra. Tout semblait si grand et si lumineux ici, en Amérique, plus brillant et plus bruyant que chez lui. Soudain, il eut le mal du pays, mais cela ne dura pas longtemps.

Un petit garçon à lunettes aux verres épais et à la coupe de cheveux bizarre était apparu derrière Éric.

— Bonjour, Georges ! Annie... (Le garçon prit un air franchement dégoûté.) ... Annie m'a beaucoup parlé de toi. Elle était impatiente d'établir une interface entre vous. Apparemment, tu es quelqu'un de très intéressant.

— Mais tais-toi, Emmett ! gronda Annie. Georges est mon ami ; il est venu me voir moi, et pas toi.

— Georges, je te présente Emmett, intervint calmement Éric, pendant qu'Annie foudroyait Emmett du regard. C'est le fils d'un de mes amis. Il passera une partie de l'été avec nous.

— Le fils maudit, oui, marmonna Annie dans l'oreille de Georges.

Emmett se faufila à gauche de Georges et lui glissa à l'autre oreille :

— Cette humanoïde est débile.

— Comme tu l'auras remarqué, poursuivit Éric avec légèreté, ces deux-là sont un peu en froid.

— Je lui avais dit de ne pas toucher à ma Barbie Action Man ! explosa Annie. Et maintenant elle parle klingon[1] !

— Elle m'a coupé les cheveux ! brama Emmett. Et maintenant, j'ai l'air débile !

— Ça ne te change pas, commenta Annie.

— Mieux vaut parler klingon que dire autant de bêtises que toi, répliqua Emmett.

Ses yeux globuleux grossis par ses lunettes brillaient.

— Georges vient de faire un très long voyage, s'interposa Éric. Nous allons regagner la voiture et, sur le

1. Langue des Klingons, une espèce extraterrestre de la série *Star Trek*. (N.d.T.)

chemin du retour, tout le monde sera gentil avec tout le monde. Vous m'entendez ?

– Oui ! répondit Georges.

– Merci, Georges. Je ne parlais pas pour toi. Ce sont eux qui m'inquiètent.

Chapitre 4

Éric les conduisit jusqu'à une grande maison blanche en bois où la famille vivait désormais. Un soleil éclatant brillait dans le ciel bleu clair ; la chaleur qui s'élevait du sol frappa Georges de plein fouet quand il descendit de voiture. Annie sortit péniblement derrière lui.

— Viens ! s'exclama-t-elle pendant qu'Éric ouvrait le coffre pour prendre le sac de Georges. On a du travail. Suis-moi.

Elle l'emmena à l'arrière de la maison, où un arbre immense donnait de l'ombre à une véranda meublée d'une table et de chaises.

— Grimpe à l'arbre ! lui ordonna Annie. C'est le seul endroit où on pourra discuter tranquilles.

Elle se hissa sur une grosse branche en hauteur. Alors que Georges la suivait lentement, Suzanne apparut dans la véranda, un plateau à la main, Emmett sur ses talons. Elle se posta sous la branche.

— Bonjour, Georges ! Contente de te revoir ! Même si je ne te vois pas…

— Bonjour, Suzanne ! répondit Georges. Merci de m'avoir invité.

— Annie, tu ne crois pas que Georges aimerait se reposer ? Et peut-être boire et manger quelque chose après son long voyage ?

— Dans l'arbre, alors ! dit Annie, dont la tête apparut entre les feuilles.

Elle tendit le bras pour attraper une brique de jus de fruits, qu'elle donna à Georges, et un paquet de cookies.

— C'est bon, merci ! chantonna-t-elle. Au revoir, les gens ! Vous pouvez aller voir ailleurs si on y est !

Immobile, Emmett mourait d'envie de monter lui aussi dans l'arbre.

— Emmett aimerait vous rejoindre, remarqua Suzanne.

— Pas question, répliqua Annie. Il pourrait tomber d'une de ces branches et endommager ses merveilleuses cellules grises. Mieux vaut qu'il reste en bas. Bye bye ! Georges et moi sommes très occupés.

Depuis l'arbre, ils entendirent un soupir.

— Pourquoi ne t'assieds-tu pas ici ? proposa Suzanne à Emmett tout en plaçant une chaise sous les branches. Ils ne vont pas tarder à descendre.

Emmett laissa entendre un petit reniflement; Suzanne le réconforta.

— Ne fais pas attention, il n'arrête pas de chouiner, murmura Annie à l'oreille de Georges. Et surtout, ne sois pas désolé pour lui – ou c'est la mort assurée ! S'il détecte le moindre signe de faiblesse chez toi, il te saute à la gorge. J'ai eu pitié de lui la première fois que je l'ai vu pleurer, et tu sais quoi ? Il m'a mordue ! Ma mère ne se méfie pas de lui : elle est trop gentille.

Annie attendit que Suzanne s'éloigne et poursuivit :

— Cale-toi contre cette branche, au cas où tu t'évanouirais quand je t'aurai annoncé la nouvelle.

— Raconte !

— C'est phénoménal. Accroche-toi à ton pantalon parce qu'il va partir sans toi en courant...

— Bon, quand tu veux.

— Georges, je ne suis pas devenue folle.

— Euh... Tu l'étais déjà un peu, avoua Georges. Cela ne me changera pas !

Annie lui donna un coup de coude.

— Aïe ! lâcha-t-il dans un éclat de rire. Tu m'as fait mal.

— Georges, ça va ? demanda une petite voix en contrebas. Tu as besoin d'être protégé de la traîtresse ? Elle est vraiment méchante, parfois.

— La ferme, Emmett ! lui cria Annie. Et arrête de nous écouter !

— Je n'écoute pas, geignit Emmett. Ce n'est pas ma faute si tu envoies des quantités de vibrations inutiles dans l'atmosphère.

— Alors dégage ! hurla Annie.

— Non, s'entêta Emmett. Je reste ici, au cas où Georges aurait besoin de ma super intelligence. Je ne veux pas qu'il gâche sa bande passante avec tes communications rudimentaires.

Annie leva les yeux au ciel et soupira. Elle se rapprocha de Georges et lui chuchota :

— J'ai reçu un message extraterrestre.

— Extraterrestre ! répéta Georges, qui avait oublié Emmett. Tu as reçu un message extraterrestre !

— Chut ! le supplia Annie.

Trop tard. Emmett s'était levé et scrutait les branches.

— La jeune humanoïde croit-elle vraiment qu'une

forme de vie assez intelligente pour envoyer un message à travers l'immense Univers l'aurait choisie, elle, comme correspondante ? De toute façon, les extraterrestres n'existent pas. Nous n'avons pas de preuve confirmant la présence d'une autre forme de vie intelligente dans l'Univers, pour le moment. Nous sommes simplement capables de calculer la probabilité selon laquelle, sur des planètes lointaines, les conditions nécessaires au développement de formes de bactéries extrêmophiles sont réunies. Celles-ci auraient le QI d'Annie. Voire un peu plus. Je peux vous calculer la probabilité de vie intelligente, si vous voulez, à l'aide de l'équation de Drake.

— Eh bien, merci beaucoup, professeur Emmett, l'interrompit Annie. Votre prix Nobel vous arrivera par la poste. Maintenant, je vous propose de vous débactériser de ma vue. Allez traîner avec ceux de votre espèce. Georges, les extraterrestres ont envahi la Terre, et Emmett est l'un d'entre eux !

L'ÉQUATION DE DRAKE

L'équation de Drake n'est pas vraiment une équation mais plutôt une série de questions qui nous aident à définir combien de civilisations intelligentes ayant la capacité de communiquer il peut y avoir dans notre Galaxie. Elle a été formulée en 1961 par le professeur Frank Drake de l'Institut SETI (Recherche d'une intelligence extraterrestre), et est encore utilisée de nos jours.

Voici l'équation de Drake :

$$N = N^* \times f_p \times n_e \times f_l \times f_i \times f_c \times L$$

N^* représente le nombre de nouvelles étoiles qui naissent chaque année dans la Voie lactée.

Question : Quel est le taux de natalité des étoiles dans la Voie lactée ?
Réponse : Notre Galaxie a environ 12 milliards d'années et contient à peu près 300 milliards d'étoiles. En moyenne, les étoiles naissent à un rythme de 300 milliards divisés par 12 milliards, soit 25 étoiles par an.

f_p est la fraction de ces étoiles autour desquelles gravitent des planètes.

Question : Quel pourcentage d'étoiles possède un système planétaire ?
Réponse : Les estimations actuelles vont de 20 % à 70 %.

n_e est le nombre de planètes par étoile qui sont capables d'accueillir la vie.

Question : Pour chaque étoile qui possède un système planétaire, combien de planètes sont capables d'accueillir la vie ?
Réponse : Les estimations actuelles vont de 0,5 à 5.

f_l est la fraction des planètes en n_e où la vie se développe.

Question : Quel est le pourcentage de planètes capables d'accueillir la vie où la vie se développe bel et bien ?
Réponse : Les estimations actuelles vont de 100 % (si la vie peut se développer, elle le fera) à 0 %.

f_i est la fraction de planètes habitables où une forme de vie intelligente se développe.

Question : Sur les planètes où la vie s'est développée, quel pourcentage implique une forme de vie intelligente ?
Réponse : Les estimations vont de 100 % (l'intelligence a une telle capacité de survie qu'elle se développera certainement) à 0 %.

f_c est la fraction de planètes ayant une forme de vie intelligente capables de communication interstellaire.

Question : Quel pourcentage d'espèces intelligentes a les moyens et le désir de communiquer ?
Réponse : De 10 % à 20 %.

L est le nombre moyen d'années pendant lesquelles une civilisation continue de communiquer.

Question : Combien de temps durent les civilisations capables de communiquer ?
Réponse : Question très difficile. Si nous prenons la Terre comme exemple, nous communiquons à l'aide d'ondes radio depuis moins de 100 ans. Combien de temps encore notre civilisation continuera-t-elle de communiquer ainsi ? Nous détruirons-nous dans quelques années ou serons-nous capables de résoudre nos problèmes afin de survivre 10000 ans ou plus ?

Quand on multiplie toutes ces variables, on obtient :

N, le nombre de civilisations capables de communiquer dans la Galaxie.

— Attends, rembobine ! répondit Georges. Tu as reçu un message des extraterrestres ? Où ? Quand ? Comment ? Qu'est-ce qu'il disait ?

— Ils lui ont envoyé un texto pour lui annoncer qu'ils la téléchargeraient dans leur vaisseau dans exactement deux cent dix heures, ricana Emmett. L'espoir fait vivre !

Ce fut au tour de Georges d'être agacé :

— Boucle-la, Emmett ! J'aimerais entendre ce qu'Annie a à me dire.

— O.K. Voici mon scoop. Ouvrez bien vos oreilles, Terriens et extraterrestres, vous n'allez pas en revenir.

En bas, Emmett se collait au tronc pour mieux entendre.

Georges sourit.

— Prêt, agent Annie. Je t'écoute.

— Mon étonnante aventure commence un soir ordinaire. À ce moment-là, personne n'aurait prédit que pour la première fois dans l'histoire de l'humanité, nous aurions enfin des nouvelles d'E.T.

Telle une grande oratrice, elle fit une pause.

— Ma famille et moi… poursuivit-elle.

— Et moi ! lança Emmett.

— … et lui, ajouta-t-elle, nous venions d'assister à l'atterrissage d'un robot sur Mars. Une sortie familiale tout à fait banale. Pas de quoi fouetter un chat. Sauf que…

Quelques semaines plus tôt, Éric, Suzanne, Annie et Emmett s'étaient rendus à l'Agence spatiale globale afin de regarder la tentative d'atterrissage d'un nouveau type de robot sur la planète rouge. Ce robot, nommé Homer, avait mis neuf mois pour parcourir les

680 millions de kilomètres qui nous séparent de Mars. C'était le dernier de sa série à être envoyé par l'Agence pour explorer la planète.

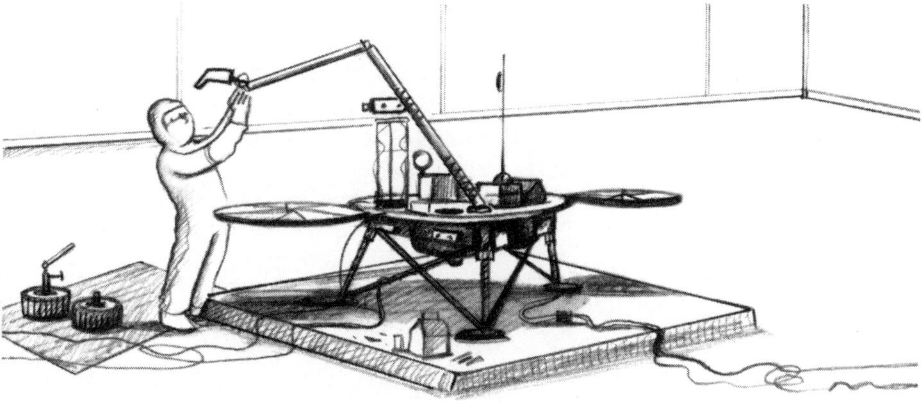

Éric était très enthousiaste à l'idée que Homer se pose sur Mars : des équipements à son bord l'aideraient à découvrir des traces de vie sur notre plus proche voisine. Homer devait chercher de l'eau sur la célèbre planète rouge. À l'aide d'une pelle spéciale au bout de son long bras articulé, il gratterait la surface glacée, ramasserait de la boue et la ferait cuire dans son four. Pendant que les échantillons de sol chaufferaient, Éric apprendrait si Mars – qui est aujourd'hui une planète froide et déserte – était couverte d'eau dans un passé lointain, plus chaud et plus humide.

— Où il y a de l'eau, avait expliqué Éric aux enfants, comme nous l'a appris notre planète Terre, il pourrait y avoir la vie !

LES EXPLORATIONS SPATIALES ROBOTISÉES

Une sonde spatiale est un vaisseau robotisé que les scientifiques lancent dans le Système solaire afin de recueillir davantage d'informations sur notre voisinage. Les missions spatiales inhabitées sont destinées à répondre à des questions spécifiques telles que: « À quoi ressemble la surface de Vénus ? », « Y a-t-il du vent sur Neptune ? » ou « De quoi est composée Jupiter ? ».

Bien que les missions spatiales inhabitées fassent beaucoup moins rêver que les missions habitées, elles possèdent de nombreux avantages:

- Les robots parcourent de grandes distances, vont plus loin et plus vite que des astronautes. Comme les missions habitées, ils ont besoin d'une source d'énergie. La plupart utilisent des générateurs photovoltaïques qui convertissent la lumière du Soleil en énergie; ceux qui s'éloignent trop du Soleil emportent leur propre générateur de bord. Toutefois, les vaisseaux robotisés usent moins d'énergie que les missions habitées car ils n'ont pas besoin de maintenir des conditions de vie confortables lors du voyage.
- Les robots n'ont pas besoin de réserves de nourriture et d'eau, ni d'oxygène pour respirer. Par conséquent, ils sont plus petits et plus légers que les vaisseaux habités.
- Les robots ne s'ennuient pas et n'ont pas le mal du pays. Ils ne tombent pas malades pendant le voyage.
- Si un problème survient lors d'une mission inhabitée, aucune vie n'est en jeu dans l'espace.
- Les sondes spatiales coûtent nettement moins cher que les vols spatiaux habités. De plus, les robots n'exigent pas de rentrer sur Terre à la fin de leur mission.

Les sondes spatiales nous ont permis de découvrir des merveilles dans le Système solaire. Elles nous ont envoyé des données qui ont permis aux scientifiques de beaucoup mieux comprendre la formation du Système solaire et la situation d'autres planètes. Alors que les hommes ne se sont pour l'instant rendus que sur la Lune – un voyage avoisinant les 378000 kilomètres –, les sondes spatiales ont parcouru des milliards de kilomètres et nous ont offert des images extraordinaires et détaillées des confins du Système solaire.

En vérité, environ 30 sondes spatiales ont atteint la Lune avant l'homme ! Aujourd'hui, des robots ont gravité autour de toutes les autres planètes de notre Système solaire, ont recueilli de la poussière de la queue d'une comète,

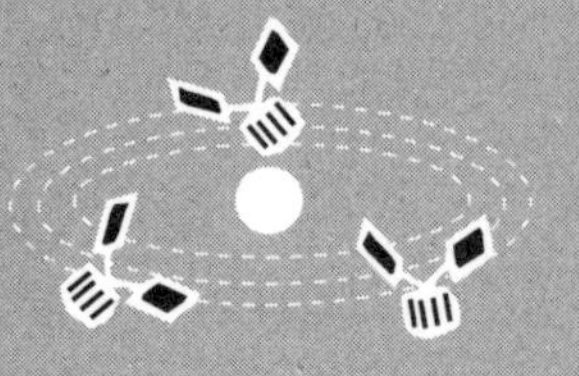

se sont posés sur Mars et Vénus, se sont rendus au-delà de Pluton. Certaines sondes ont collecté des informations sur notre planète et sur les hommes. Les sondes *Pioneer 10* et *Pioneer 11* sont dotées de plaques comportant l'image d'un homme et d'une femme, mais aussi d'une carte qui montre d'où vient la sonde. Au cours de leur voyage infini dans l'espace, qui sait si elles ne rencontreront pas un jour une civilisation extraterrestre ?

Les sondes *Voyager* transportent aussi des photographies de la Terre – ses villes, ses paysages, ses peuples – ainsi qu'un message de bienvenue enregistré en plusieurs langues. Dans la quasi improbable éventualité où l'une de ces sondes serait interceptée par une autre civilisation, ces messages assurent aux extraterrestres que nous sommes une planète pacifique et que nous voulons du bien à tout autre habitant de notre Univers.

Il existe différents types de sondes spatiales et le choix de celle qui sera utilisée pour telle ou telle mission dépend de la question à laquelle elle tentera de répondre. Certaines survolent et photographient plusieurs planètes au cours du même voyage. D'autres se placent en orbite autour d'une planète spécifique pour recueillir davantage d'informations sur elle et sur ses satellites. Ou bien elles s'y posent et transmettent à la Terre des données concernant la surface du sol. Enfin, on distingue les rovers, des sondes capables de se déplacer, des landers, des sondes qui ne bougent pas de leur lieu d'atterrissage.

Le premier rover, *Lunokhod 1*, faisait partie d'une sonde russe, *Luna 17*, qui s'est posée sur la Lune en 1970. *Lunokhod 1* était un véhicule motorisé qui pouvait être piloté depuis la Terre, un peu comme une voiture télécommandée.

Les modules d'atterrissage martiens de la NASA, *Viking 1* et *Viking 2*, qui se sont posés sur la planète rouge en 1976, nous ont offert les premières images de la surface de la planète dédiée au dieu de la guerre et qui intrigue les habitants de la Terre depuis des millénaires. Les deux missions *Viking* ont montré des plaines d'un marron rougeâtre parsemées de rochers, un ciel rose et même un sol gelé en hiver. Malheureusement, il est très difficile de se poser sur Mars et plusieurs sondes se sont déjà écrasées à la surface de la planète rouge.

Plus tard, deux autres rovers, *Spirit* et *Opportunity*, ont été envoyés sur Mars. Supposés arpenter la surface martienne pendant au moins trois mois, ils ont tenu plus longtemps que prévu et, comme leurs prédécesseurs, ils ont découvert des preuves que Mars devait sa forme à la présence d'eau. En 2007, la NASA a envoyé la mission *Phoenix* sur Mars. *Phoenix* n'a pas sillonné Mars mais son bras robotisé a creusé le sol et recueilli des échantillons. Il a à son bord un laboratoire permettant d'analyser les prélèvements. Trois orbiteurs opérationnels gravitent également autour de Mars: *Mars Odyssey*, *Mars Express* et *Mars Reconnaissance Orbiter*, qui nous montrent en détail les caractéristiques de sa surface.

Les sondes spatiales robotisées nous ont aussi dévoilé l'enfer qui se cache sous l'épaisse atmosphère de Vénus. Autrefois, on pensait que des forêts tropicales denses croissaient sous les nuages vénusiens, mais les sondes ont révélé la présence de températures élevées, d'une atmosphère chargée en dioxyde de carbone et de nuages marron foncé composés d'acide sulfurique. En 1990, la sonde *Magellan* lancée par la NASA est entrée en orbite autour de Vénus. Se servant de son radar pour pénétrer l'atmosphère, *Magellan* a cartographié la surface de Vénus et découvert 167 volcans de plus de 110 kilomètres de large ! *Venus Express* de l'ESA est en orbite autour de Vénus depuis 2006. Sa mission consiste à étudier l'atmosphère de Vénus et à essayer de découvrir pourquoi la Terre et Vénus se sont développées de manières si différentes. Plusieurs landers ont communiqué des informations concernant la surface de Vénus, une prouesse incroyable étant donné le défi que représente un atterrissage sur l'une des planètes les plus hostiles du Système solaire.

Les sondes spatiales robotisées ont affronté le monde incandescent de Mercure, une planète encore plus proche du Soleil que Vénus. *Mariner 10*, qui a survolé Mercure en 1974 puis en 1975, nous a appris que cette petite planète dépouillée ressemblait beaucoup à notre Lune. Il s'agit d'une planète grise et morte quasiment dépourvue d'atmosphère. En 2008, le programme *MESSENGER* a envoyé une sonde vers Mercure. Trente ans après *Mariner 10*, nous recevions enfin de nouvelles photos de la planète la plus proche du Soleil.

Un vol à proximité du Soleil représente un grand défi pour un vaisseau inhabité. Néanmoins, des sondes envoyées vers le Soleil – *Helios 1*, *Helios 2*, *SOHO*, *TRACE*, *HESSI* et d'autres – ont transmis des informations capitales qui ont permis aux scientifiques de mieux comprendre l'étoile qui est au centre de notre système.

Plus loin dans notre Système solaire, Jupiter a pu être vue en détail quand la sonde *Pioneer 10* est passée à proximité en 1973. Les clichés pris par *Pioneer 10* ont dévoilé la Grande Tache Rouge, une caractéristique observée par nos télescopes depuis des siècles. Après *Pioneer*, les sondes *Voyager* ont révélé des faits surprenants sur les lunes de Jupiter : elles sont très différentes les unes des autres. En 1995, la sonde *Galileo* s'est mise en orbite autour de Jupiter et a passé huit ans à étudier la géante gazeuse et ses lunes. Elle a été la première sonde spatiale à survoler un astéroïde, la première à découvrir un astéroïde doté d'une lune, et la première à étudier Jupiter pendant un si long laps de temps. Cette étonnante sonde spatiale a aussi décelé une activité volcanique sur Io, une lune de Jupiter, et découvert qu'Europe, une autre lune de Jupiter, était enrobée d'une épaisse couche de glace sous laquelle s'étendrait peut-être un gigantesque océan susceptible d'abriter des formes de vie.

Cassini de la NASA n'était pas la première à visiter Saturne : les sondes *Pioneer 11* et *Voyager* l'avaient survolée au cours de leur long voyage et avaient renvoyé des images détaillées des anneaux de Saturne et davantage d'informations sur l'atmosphère dense de Titan, son principal satellite. Quand *Cassini* est arrivée en 2004 après un voyage de 7 ans, elle nous a montré Saturne et ses lunes beaucoup plus en détail. *Cassini* a également largué une sonde, *Huygens*, de l'ESA, qui a traversé l'atmosphère dense de Titan et s'est posée à sa surface. La sonde *Huygens* a découvert que Titan était couvert de glace et que des pluies de méthane tombaient des nuages denses.

Encore plus loin de la Terre, *Voyager 2* a survolé Uranus et envoyé des images de cette planète gelée, inclinée sur son axe ! Grâce à *Voyager 2*, nous en savons beaucoup plus sur les fins anneaux qui entourent Uranus (anneaux très différents de ceux de Saturne) et sur ses lunes. *Voyager 2* a poursuivi sa route en direction de Neptune et révélé que la planète était balayée par des vents très violents. Neptune connaît les ouragans les plus fulgurants du Système solaire. *Voyager 2* se situe à présent à 16 milliards de kilomètres de la Terre et *Voyager 1* à 18 milliards de kilomètres. Elles devraient continuer de communiquer avec nous jusqu'en 2020.

La mission *Stardust*, une sonde qui a collecté des particules de la queue d'une comète et les a ramenées sur Terre en 2006, nous a procuré énormément d'informations sur les prémices du Système solaire, grâce à ces fragments. La capture de ces échantillons de comète – les comètes se sont formées au centre du Système solaire avant d'en atteindre les limites – a permis aux scientifiques de mieux comprendre les origines du Système solaire.

Bien plus important : Homer ouvrait la voie à une mission future qui emporterait des hommes sur une nouvelle planète. Pour la toute première fois, l'Agence spatiale globale envisageait l'envoi d'une navette habitée à destination de la planète rouge afin, peut-être, d'y installer une colonie !

En résumé, Homer revêtait une importance capitale. Et pas uniquement parce qu'il coûtait cher, possédait une technologie incroyable ou, comme Annie l'avait remarqué, donnait l'impression d'avoir une personnalité, avec ses petits yeux ronds (les caméras), ses jambes effilées et son ventre arrondi (le four embarqué). Homer était important parce qu'il représentait le premier pas dans l'espace pour les hommes. Il passerait le relais à un nouveau type d'exploration galactique.

Le jour de la descente de Homer, Éric, Suzanne, Annie et Emmett se tenaient dans la grande salle de contrôle ronde, où s'entassaient ordinateurs et scientifiques lisant avec avidité les informations à l'écran. Pendant son voyage, Homer avait envoyé des signaux à la Terre pour indiquer sa progression. Codées, ses données parvenaient à l'Agence spatiale globale, où elles étaient transformées en mots et en images par des ordinateurs de pointe. Comme il fallait du temps pour que le signal de Homer rejoigne la Terre, les techniciens de la salle de contrôle ne découvraient que maintenant ce qui s'était passé sur Mars. Homer s'était-il posé ou écrasé à sa surface ?

Suspense…

Sur les écrans au-dessus de leurs têtes, Annie et Emmett regardaient une animation retraçant son approche de Mars. Autour d'eux, l'atmosphère était

GSA

électrique. Nerveux, les employés de l'Agence priaient pour que le robot ait réussi le début de sa mission.

Il est très difficile d'atterrir sur Mars, leur avait expliqué Éric. Comme elle a une atmosphère fine, la planète ne fournit pas le freinage naturel que l'atmosphère terrestre procure aux vaisseaux spatiaux qui reviennent de mission. Homer se dirigeait donc vers la surface martienne à grande vitesse et il n'y avait plus qu'à espérer que ses systèmes de ralentissement fonctionnent correctement. Sinon, il compterait parmi les tas de débris à des millions de kilomètres de la Terre, sans personne pour le réparer.

Tandis que Homer s'approchait de l'atmosphère martienne, tous étaient collés aux écrans. Au mur, une horloge numérique affichait son temps passé dans l'espace. Une autre pendule indiquait l'UTC, le temps universel utilisé par toutes les agences spatiales pour

se coordonner entre elles et avec leurs missions dans l'espace.

— Séquence EDL, annonça un homme à l'air sérieux coiffé d'écouteurs.

— C'est quoi ? demanda Annie.

— Entrée, descente et atterrissage, lui expliqua Emmett sur un ton légèrement condescendant. Vraiment, Annie, je pensais que tu aurais lu un peu avant de venir, pour profiter un maximum de cette expérience.

En guise de réponse, Annie lui écrasa le pied.

— Aïe ! Aïe ! Suzanne... s'écria-t-il. Elle m'a encore fait mal !

Tandis que Suzanne lançait à sa fille un regard sévère, Annie s'éloigna doucement d'Emmett pour se poster à côté de son père. Elle glissa la main dans la sienne. Les sourcils froncés, Éric se mâchonnait la lèvre.

— Tu crois que Homer s'est posé ? chuchota-t-elle.

— J'espère. Ce n'est qu'un robot, mais il pourrait nous envoyer des informations très utiles.

— Entrée dans l'atmosphère, déclara l'opérateur de contrôle.

Quand Homer – aux airs de toupie la tête en bas – pénétra dans l'atmosphère de Mars, ils virent un éclatant jet de flammes dans son sillage.

Tonnerre d'applaudissements dans la salle.

— Échauffement maximal dans une minute et quarante secondes, prévint le contrôleur. Coupure de communication possible.

La tension était quasiment palpable, comme si la salle retenait son souffle.

— Black-out ! s'exclama le contrôleur. Black-out ! Attendons le retour du signal dans deux minutes.

Annie serra fort la main de son père.

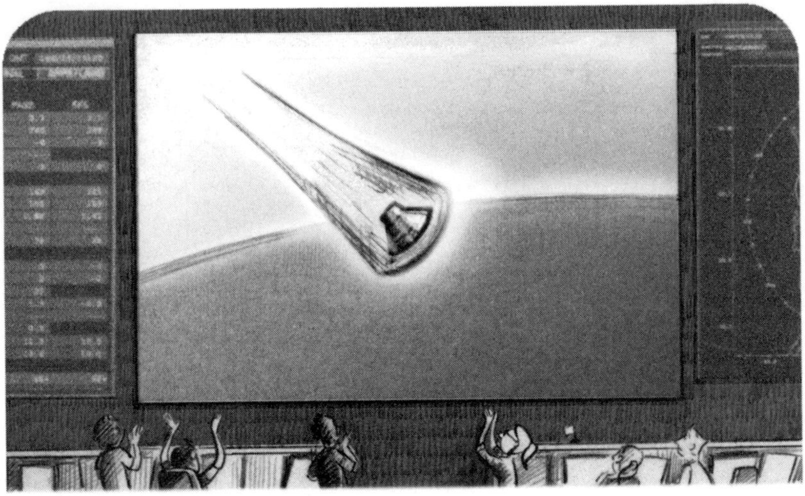

— Ne t'inquiète pas, Annie. Cela arrive parfois. C'est dû à la friction dans l'atmosphère.

Les yeux rivés sur l'horloge, où les secondes défilaient trop lentement, tous attendaient la reprise du contact. Deux minutes s'écoulèrent, puis trois, puis quatre. Les marmonnements traduisaient l'angoisse latente.

— Nous ne recevons aucun signal de Homer, lâcha le contrôleur.

Les écrans qui suivaient la descente du robot s'étaient eux aussi figés.

— Nous avons perdu le signal !

Des lumières rouges se mirent à briller autour de la pièce.

— Que se passe-t-il ? chuchota Annie.

Son père secoua la tête.

— Maintenant, je suis inquiet, lui répondit-il. Il est possible que son système de communication ait fondu pendant son entrée.

— Homer est mort ? demanda Emmett à voix haute.

Plusieurs personnes se tournèrent vers lui et le foudroyèrent du regard.

Le contrôleur avait ôté ses écouteurs, et s'épongeait le front d'un air malheureux. Si Homer ne possédait plus de système de communication, ils n'avaient aucun moyen de savoir ce qui était arrivé à leur robot intelligent. Il avait peut-être atterri, s'était peut-être écrasé. S'il trouvait des signes de vie sur Mars, personne sur Terre ne le saurait car Homer serait dans l'incapacité d'envoyer un signal pour l'annoncer.

— Le satellite de surveillance de Mars ne montre aucune trace de Homer ! cria quelqu'un, au bord de la panique. Il ne peut pas le localiser ! Homer a disparu de tous les systèmes !

Quelques secondes plus tard, Homer revenait.

— Nous captons un signal ! s'exclama quelqu'un d'autre, tandis que son ordinateur s'animait. Homer s'approche de la surface de Mars. Il déploie son parachute !

Sur l'écran de télévision, un parachute gonflait derrière Homer pendant que le petit robot, bringuebalé de droite et de gauche, effectuait sa descente.

— Ses jambes sont déployées ! Homer s'est posé ! Homer a atteint la région polaire nord de Mars !

Certains laissèrent éclater leur joie. Pas Éric. Il semblait dubitatif.

— C'est une bonne nouvelle ? lui chuchota Annie à l'oreille. Homer va bien.

— Oui, mais c'est bizarre, commenta Éric, les sourcils froncés. Cela n'a aucun sens. Pourquoi a-t-il perdu le signal aussi longtemps avant de le rétablir ? Et pourquoi n'apparaissait-il pas sur le satellite de surveillance ?

On dirait qu'il a disparu pendant quelques minutes. Je trouve cela étrange… Je me demande ce qu'il fait maintenant…

— Bien ! s'exclama Georges, allongé en travers d'une branche. Quel est le rapport avec les extraterrestres ?

— Il n'y en a pas, répondit Emmett en bas. Elle n'a pas compris qu'il s'agissait d'un dysfonctionnement technique normal et elle a transformé ce problème en affaire d'État.

— Tu dis ça parce que tu ne connais pas la suite de l'histoire, gronda Annie. Tu ignores ce qui est arrivé ensuite.

— Et qu'est-il arrivé ensuite, madame ?

— Cela ne regarde pas les pleurnichards et les mouchards, décréta Annie. C'est une histoire pour les grands. Et si tu rentrais à la maison pour écrire des codes informatiques pendant que je parle à mon ami ?

— Tu sais rédiger des codes informatiques ? demanda Georges à Emmett.

— Oui ! fit Emmett, tout fier. Le sorcier des ordinateurs, c'est moi ! Une question ? J'ai la réponse. Il y a quelques mois, j'ai contacté une entreprise de logiciels. Je leur ai envoyé des infos sur une version en ligne de mon simulateur de navette spatiale. Ils allaient m'embaucher... Mais quand ils ont appris que j'avais neuf ans, ils m'ont dit que ce n'était pas possible.

— Tu es une sorte de génie ? s'enquit Georges.

— Ouaip ! s'écria gaiement Emmett. Tu peux essayer mon simulateur, si tu veux. Il est super cool : on se croirait dans une vraie navette spatiale. Si vous me laissez écouter cette histoire d'extraterrestres, vous pourrez jouer tous les deux.

— On n'a pas envie, rétorqua Annie alors que Georges rêvait de tenter l'aventure. Rentre, je crois que maman t'appelle.

Au pied de l'arbre, Emmett éclata en sanglots au moment où Éric et Suzanne sortaient de la véranda.

— Dites au revoir à votre arbre ! leur lança Suzanne. À table, vous trois !

Chapitre 5

Georges était tellement fatigué après son long voyage qu'il manqua de s'endormir en se brossant les dents. Il regagna en titubant la chambre qu'il partageait avec Emmett. Celui-ci lançait des vaisseaux spatiaux sur le simulateur de son ordinateur.

— Hé, Georges ! Tu veux voler à bord de ma navette ? Tu n'as rien à craindre. J'ai programmé un compte à rebours, et l'ordi t'indique ce qui se passe.

— T moins sept minutes et trente secondes, annonça une voix de robot. Retrait du bras d'accès à l'orbiteur.

Georges était si épuisé qu'il pouvait à peine articuler.

— Non, Emmett. Je vais me…

Et il s'endormit avant la fin du compte à rebours annonçant le lancement de la navette.

Les instructions durent se frayer un chemin dans le cerveau de Georges car il fit un rêve étrange, cette nuit-là. Il rêva qu'il occupait le siège du commandant d'une énorme navette et était responsable de son pilotage dans l'espace. Il avait l'impression d'être attaché au sommet d'une immense fusée sur le point de décoller. Tandis qu'ils volaient dans l'espace obscur, des étoiles scintillaient par le hublot. Malgré le noir à l'extérieur, elles semblaient très lumineuses. Soudain, l'une d'elles s'approcha de lui à toute allure, illumina son visage, l'aveugla...

Il se réveilla en sursaut dans un lit inconnu, alors qu'on braquait sur lui une lampe torche.

— Georges ! Georges ! Lève-toi ! C'est une urgence.

C'était Annie. En pyjama.

— Hé ! s'exclama Georges en se cachant les yeux pendant qu'elle arrachait sa couette et l'attrapait par le bras.

— On descend ! Et pas un bruit ! C'est notre seule chance d'échapper à Emmett. Viens !

Georges la suivit à tâtons dans l'escalier, son esprit encore à bord de la navette spatiale qu'il conduisait. Il se rendit sur la pointe des pieds dans la cuisine, où Annie ouvrit la porte de la véranda. Là, elle pointa sa lampe sur un morceau de papier.

Il comportait plusieurs dessins.

— C'est ça ? demanda Georges en clignant des yeux. C'est ça, le message extraterrestre ? Ils te l'ont envoyé sur une page de cahier de brouillon ?

— Mais non, imbécile ! Bien sûr que non ! Je l'ai eu par Cosmos. Je l'ai copié sur son écran.

— Cosmos ? s'exclama Georges. Mais il ne fonctionne plus.

— Je sais. Laisse-moi terminer mon histoire.

Après avoir atterri sur Mars, Homer devait effectuer toutes sortes de tâches intelligentes, comme définir la météorologie martienne, chercher de l'eau dans des échantillons de sol et des signes de forme de vie bactérienne.

Mais il refusait d'accomplir ses missions, comme s'il était devenu fou. Il ne répondait à aucun signal de la Terre et se contentait de tourner en rond ou de jeter des pelletées de boue dans les airs.

Même s'il demeurait sourd aux signaux, Homer continuait d'envoyer des messages – des photos de ses pneus et d'autres informations tout aussi inutiles. De la Terre, les scientifiques voyaient le robot par intermittence, *via* le satellite d'observation en orbite autour de Mars, qui renvoyait des photos. Un jour qu'il observait Homer, Éric avait remarqué quelque chose de vraiment étrange sur les images-satellites. Il aurait juré que Homer lui faisait signe avec l'un de ses bras mécaniques, comme s'il essayait d'attirer son attention.

Éric était très préoccupé par cette histoire. De nombreux savants souhaitaient savoir ce que Homer avait découvert sur Mars et ce qu'il fabriquait. Mais, pour l'instant, Éric n'avait rien à leur montrer, mis à part un robot coûtant une petite fortune et faisant l'imbécile.

Il mettait l'Agence spatiale globale dans une position

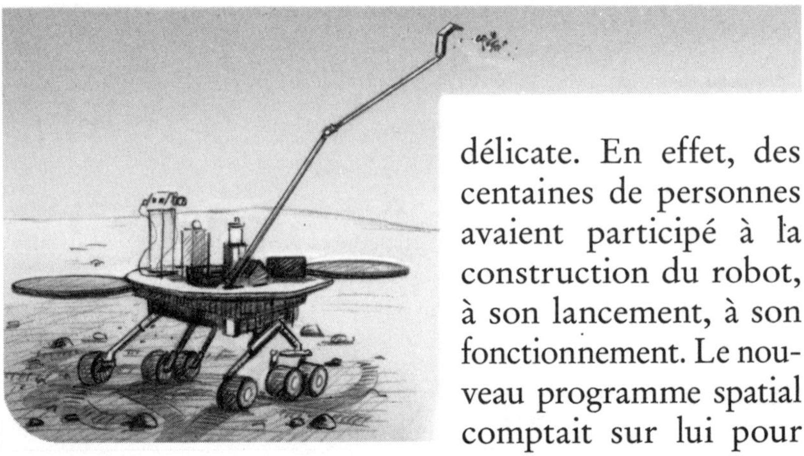

délicate. En effet, des centaines de personnes avaient participé à la construction du robot, à son lancement, à son fonctionnement. Le nouveau programme spatial comptait sur lui pour ouvrir une voie royale aux hommes désireux de s'installer sur une autre planète. Comme Homer ne fonctionnait pas correctement, les opposants au programme spatial ou à l'envoi d'astronautes dans l'espace allaient pouvoir dire que tout cela n'était qu'un énorme gaspillage de temps.

Le fonctionnement défectueux de Homer impliquait aussi qu'Éric n'avançait pas dans ses recherches de vie martienne. Cela lui brisait le cœur de voir son robot s'agiter en tous sens sur la planète rouge. Au fil des jours, Éric paraissait de plus en plus triste. Si Homer ne coopérait pas très vite, la mission serait interrompue, et le robot serait bon pour la casse.

Annie ne supportait pas cette idée. Son père avait été tellement heureux à la perspective de récolter les trouvailles de Homer. Elle détestait le voir aussi bouleversé. C'est alors qu'elle avait eu une brillante idée : elle avait décidé de sortir Cosmos de sa retraite, histoire de voir si elle pouvait le démarrer.

— Je me suis dit que si nous avions Cosmos, expliqua-t-elle à Georges sous le ciel étoilé, nous pourrions faire un saut sur Mars, réparer le robot et revenir sans que personne s'en aperçoive. Si nous

partions au moment où le satellite de surveillance est de l'autre côté de la planète, personne ne nous verrait. Il faudrait simplement prendre soin de ne laisser aucune empreinte et de ne rien oublier sur place. Sinon, ce serait la catastrophe.

— Hum... marmonna Georges, encore perturbé par son étrange rêve. Qu'as-tu fait ensuite ?

— J'ai sorti Cosmos de sa cachette secrète.

— Pas si secrète, si tu étais au courant, remarqua Georges.

Annie préféra faire comme si elle n'avait rien entendu.

— Et je l'ai démarré.

— Il fonctionnait ? l'interrogea Georges, tout à fait éveillé, cette fois.

— Pas vraiment, admit Annie. Juste quelques

secondes, mais il n'a pas parlé. Par contre, voilà ce que j'ai vu sur l'écran.

Elle agita son papier.

— Il y avait un message, je te jure ! J'ai vérifié l'identité de l'expéditeur : *Inconnu*. Localisation du message : *Extraterrestre*. Puis Cosmos s'est éteint et je n'ai pas pu le redémarrer.

— Waouh ! s'exclama Georges. Tu en as parlé à ton père ?

— Évidemment ! Il a essayé de rallumer Cosmos. Mais ça n'a pas marché. Quand je lui ai montré le message, il ne m'a pas crue.

Elle fit la moue.

— Il dit que j'invente des histoires, mais je suis sûre que Homer nous fait signe parce qu'il a quelque chose à nous dire. D'après papa, Homer ne fonctionne pas à cause d'une mauvaise entrée dans l'atmosphère, et ce message – si Cosmos

l'a réellement reçu – concerne la panne de Cosmos, et c'est tout.

— Pourquoi Éric réagit-il comme ça ?

— C'est un scientifique, soupira Annie. Comme Emmett l'a dit, certaines personnes croient en la présence de formes de bactéries dans l'Univers, mais pas en celle de vrais extraterrestres. Moi, je pense…

— Qu'est-ce que tu penses ? l'interrompit Georges, les yeux rivés sur les étoiles.

— Je pense, reprit Annie avec fermeté, que quelqu'un dans l'espace essaie d'entrer en contact avec nous. Je pense que quelqu'un se sert de Homer pour attirer notre attention, et comme nous ne comprenons pas, il nous envoie des messages sur Terre. Seulement nous ne les recevons pas, vu que Cosmos est en panne.

— Qu'allons-nous faire ?

— Nous devons nous rendre sur Mars et voir par

nous-mêmes, décida Annie. Mais, d'abord, il faut réparer Cosmos. Peut-être que les extraterrestres continuent à nous écrire ? Peut-être pourrons-nous leur répondre...

— Et comment ? demanda Georges. Oui, comment envoyer un message qu'ils comprendront ? Et si on y arrive, quoi leur dire ? Dans quelle langue ? Leur message est composé d'images, comme s'ils ne savaient pas comment communiquer avec nous.

— Je sais ce qu'on va mettre : « Laissez notre joli robot tranquille, misérables extraterrestres ! grommela Annie. Vous vous êtes trompés de civilisation. Cherchez quelqu'un d'autre. »

— Mais il faut savoir qui ils sont et d'où ils viennent ! protesta Georges. On ne peut pas leur dire : « Fichez le camp d'ici, sales extraterrestres ! » On risquerait de ne jamais découvrir qui a envoyé le message !

— Tu préfères « Venez en paix puis repartez chez vous » ? demanda Annie. On découvre qui ils sont, mais ils n'ont pas le droit de se poser sur Terre s'ils ont l'intention de nous nuire.

— Ah oui ? Et qui les en empêchera ? Ils ressemblent peut-être à de grandes et horribles machines qui nous piétineront comme des fourmis.

— Ou bien, poursuivit Annie dont les yeux brillaient sous la lumière de la lampe, ce sont de minuscules créatures, des bactéries microscopiques qui grouillent. Ils ne se sont pas rendu compte à quel point nous étions grands, et nous ne les remarquerons même pas quand ils débarqueront.

— Et s'ils avaient quatorze têtes et bavaient ? suggéra Georges avec malice. Là, on les remarquerait !

Un craquement suivi de bruits de pas retentit dans

l'escalier. Un Éric aux yeux vitreux apparut dans la véranda.

— Que se passe-t-il, ici ? grommela-t-il.

— Georges n'arrivait pas à dormir, se dépêcha d'expliquer Annie. À cause du décalage horaire. Je... Je venais lui chercher un verre d'eau.

— Hum... marmonna Éric, les cheveux en bataille. Remontez tout de suite.

Georges se faufila dans la chambre qu'il partageait avec Emmett et bondit dans son lit, après avoir discrètement subtilisé la lampe torche d'Annie. Incapable de se rendormir, il sortit son *Petit Guide de l'Univers* et s'intéressa au chapitre : « *Comment parler aux extraterrestres* ».

ENTRER EN CONTACT AVEC DES EXTRATERRESTRES

Si les extraterrestres existent vraiment, les rencontrerons-nous un jour ?

Comme les distances entre les étoiles sont incroyablement grandes, nous ne sommes pas sûrs à 100 % qu'une rencontre du troisième type aura lieu. Même s'ils ne mettent jamais les pieds sur notre Terre (encore faudrait-il que les extraterrestres aient des pieds !) et si nous ne leur rendons jamais visite, il est néanmoins possible d'apprendre à se connaître. Comment ? En se parlant.

Grâce à la radio, par exemple. Contrairement au son, les ondes radio circulent dans les espaces vides entre les étoiles. Et elles se déplacent à la vitesse de la lumière !

Il y a quasiment cinquante ans, certains scientifiques ont travaillé sur l'envoi d'un signal d'un système stellaire à un autre. Ils ont été surpris de découvrir que les conversations interstellaires ne nécessitaient pas une technologie très avancée comme on le voit souvent dans les films de science-fiction. Il est possible d'envoyer des signaux radio d'un système solaire à un autre avec le type d'équipement que nous fabriquons aujourd'hui. Les savants se sont éloignés de leur tableau noir et se sont dit : puisque c'est si facile, peu importe ce que font les extraterrestres, ils se servent sûrement de la radio pour communiquer sur de grandes distances. Il était donc parfaitement logique de tourner nos grosses antennes vers le ciel au cas où nous réussirions à capter des signaux extraterrestres. Après tout, si nous tombions sur un programme extraterrestre, ce serait la preuve de leur existence et nous aurions économisé sur l'envoi de fusées dans des systèmes stellaires lointains dans l'espoir de découvrir une planète peuplée.

Malheureusement, cette tentative d'espionnage appelée Institut SETI (Recherche d'une intelligence extraterrestre) n'a pour l'instant détecté aucun bip venu d'ailleurs. Les bandes radio ont été d'un silence affligeant, bien qu'elles aient capté les parasites naturels provoqués par des quasars (centres de certaines galaxies bouillonnants, à haute énergie) ou des pulsars (étoiles à neutrons tourbillonnant très vite).

Cela signifie-t-il que des extraterrestres intelligents capables de construire des émetteurs radio n'existent pas ? Ce serait une découverte renversante, parce qu'il y a au moins 1 million de millions de planètes dans notre Voie lactée… et 100 000 millions d'autres galaxies ! S'il n'y a personne là-haut, nous sommes prodigieusement spéciaux et surtout extrêmement seuls !

Comme les chercheurs de SETI le confirmeront, il est vraiment trop tôt pour conclure que nous n'avons pas de compagnie à la surface d'une étoile. Après tout, si on souhaite écouter une émission de radio extraterrestre, il faudra non seulement diriger son antenne dans la bonne direction, mais aussi trouver la bonne fréquence, avoir un récepteur ultrasensible et écouter à la bonne heure ! Les expériences de SETI reviennent à chercher un trésor enfoui sans carte. Il n'est donc pas étonnant que nous n'ayons encore rien trouvé. Imaginons qu'on creuse quelques trous dans une plage d'une île du Pacifique Sud et qu'on ne sorte rien que du sable mouillé et des crabes. Nous n'en conclurions pas pour autant qu'il n'y a aucun trésor.

Heureusement, de nouveaux radiotélescopes accélèrent nos recherches de signaux, et il est possible que dans quelques dizaines d'années nous entendions une légère émission d'une autre civilisation.

Que nous raconteraient-elles ? Bien entendu, ce n'est qu'une supposition, mais voici une chose que les extraterrestres savent sûrement : ils feraient mieux de nous envoyer un long message parce que les conversations rapides sont simplement impossibles. Par exemple, imaginons que les extraterrestres les plus proches sont sur une planète en orbite autour d'une étoile à 1 000 années-lumière de la Terre. Si nous recevons leur signal demain, il lui aura fallu 1 000 ans pour nous parvenir. Ce serait un

vieux message, mais peu importe. Après tout, si nous lisons Homère ou Shakespeare, ce sont de vieux « messages » qui sont néanmoins intéressants.

Bon, si nous choisissons de répondre, notre communiqué aux extraterrestre prendra lui aussi 1 000 ans pour leur parvenir et 1 000 ans s'écouleront avant que nous recevions leur réponse ! En d'autres termes, un simple « Bonjour » et sa réponse « Zork ? » prendra 20 siècles. Alors, même si communiquer par radio est beaucoup plus rapide que voyager en fusée pour fraterniser, la conversation sera des plus détendues : les extraterrestres pourront nous envoyer des bibliothèques entières les concernant, ils sauront que nous ne les contredirons pas de sitôt.

Et s'ils nous envoient l'*Encyclopédie extraterrestre en 100 volumes*, serons-nous capables de la lire ? C'est vrai ! Il n'y a qu'au cinéma et à la télévision qu'ils parlent couramment notre langue ! Il est possible qu'ils utilisent des images ou les mathématiques pour nous permettre de comprendre leur message, mais nous ne le saurons pas tant que nous n'aurons pas capté de signal.

Peu importe ce qu'ils nous transmettront, détecter un couinement radio venu d'un monde lointain fera la une des journaux. Il y a cinq siècles, quand les grands explorateurs ont abordé des continents entiers où vivaient des peuples complètement inconnus en Europe, la découverte du Nouveau Monde n'a-t-elle pas tout changé ?

Aujourd'hui, nous avons remplacé les navires en bois de ces premiers explorateurs par des antennes géantes en aluminium et en acier. Bientôt, elles nous apprendront peut-être quelque chose de réellement intéressant : que dans les confins de l'espace, les hommes ne sont pas les seuls à observer l'Univers.

Les adolescents du XXIe siècle seront peut-être des auditeurs qui prendront la parole. Ce sera peut-être vous !

Seth

Chapitre 6

Le lendemain matin, à son réveil, Georges avait les paupières très lourdes et les idées confuses. D'abord, le décalage horaire faisait qu'il devait prendre son petit déjeuner à l'heure où il déjeunait d'habitude. Mais ce n'était rien en comparaison du choc que lui avait fait la révélation d'Annie.

Georges se méfiait un peu de ce que racontait son amie. Le jour de leur rencontre, quand elle lui avait dit qu'elle voyageait autour du Système solaire, il lui avait ri au nez et l'avait traitée de menteuse… jusqu'à ce qu'elle l'emmène en promenade cosmique. Aujourd'hui, Georges ne savait que penser.

Le fait qu'Éric ne prenne pas ce message extraterrestre au sérieux inquiétait Georges. D'un autre côté, si cela lui permettait de faire un nouveau voyage dans l'espace, autant accorder un minimum de crédit à la version d'Annie ! Georges aurait donné n'importe quoi pour retourner dans le cosmos. Alors, même si cela n'aboutissait à rien, pourquoi ne se lancerait-il pas à la recherche d'une forme de vie extraterrestre ?

Suzanne interrompit ses pensées.

— Et si nous montrions le quartier à Georges, aujourd'hui ? Tu as peut-être envie d'aller à la plage ?

— Maman ! s'exclama Annie, l'air affligé. Georges et moi avons des milliers de choses à faire ici.

— Moi, j'ai mes théories sur le paradoxe de la perte d'information à creuser, intervint Emmett sur un ton sec. Même si tout le monde s'en moque.

— Ne soyez pas idiots ! gronda Suzanne. Georges a traversé l'Atlantique pour venir nous voir. Ce n'est pas pour passer ses journées dans un arbre à discuter avec vous !

Le téléphone sonna.

— Georges, c'est pour toi, annonça Suzanne en lui tendant le combiné.

— Georges ? grésilla la voix de son père au loin. Juste pour te dire que nous sommes arrivés à Tuvalu. Nous partons pour les atolls. Comment ça se passe, en Floride ?

— Très bien ! Je suis avec Éric, Suzanne, Annie et un autre garçon qui s'appelle Emmett. Il...

La communication fut coupée. Georges raccrocha à son tour.

— Il rappellera bientôt, le rassura Suzanne. Ton papa et ta maman savent que tu vas bien. Maintenant, allons nous amuser !

Annie eut beau lever les yeux au ciel et soupirer, ils devaient obéir. Suzanne avait prévu de les emmener à la fête foraine, à la piscine, à la réserve des dauphins et à la plage. Leurs journées et leurs soirées seraient si bien remplies que Georges et Annie ne pourraient pas sortir Cosmos de sa cachette et tenter de le réparer d'ici longtemps. Sans parler d'Emmett, qui les suivait à la trace ! À leur grand regret, ils ne purent s'enfermer qu'une seule fois dans la salle de bains pour étudier le message extraterrestre.

— Là, c'est une personne, déclara Annie. Et, d'après cette flèche, elle se rend quelque part. Mais où ?

— Euh… Vers… une série de petits points à côté d'un gros point. J'ai trouvé ! Ce sont les planètes en orbite autour du Soleil, qui se trouve au centre. La flèche désigne le quatrième point. Donc la personne se rend sur la quatrième planète à partir du Soleil, c'est-à-dire…

— Mars ! s'exclama Annie. Je le savais ! Il y a bel et bien un rapport avec Homer. Le message dit que nous devons nous rendre sur Mars et…

— Mais que veut dire le reste ? l'interrompit Georges. La personne avec la flèche barrée ?

— Peut-être ce qui arrivera si elle ne va pas sur Mars ?

— Dans ce cas, continua Georges en examinant le bas de la colonne, le drôle d'insecte tombe à la renverse.

— Drôle d'insecte... répéta Annie. Homer ? Si la personne ne va pas sur Mars, quelque chose de terrible arrivera à Homer !

— Écoute, Annie... Je sais que ton père s'inquiète pour Homer, mais ce n'est qu'un robot. L'Agence en enverra un autre. Ce message ne prouve rien.

— Regarde la dernière ligne, insista Annie sur un ton lugubre. Ça fait peur.

— Si la personne ne se rend pas sur Mars et ne sauve pas Homer, alors...

— Plus de planète Terre, compléta Annie.

— Plus de planète Terre ?

— Plus de planète Terre. C'est la clé du message. Nous devons aller sur Mars, sinon… un malheur arrivera à notre planète.

— Prévenons ton père, décida Georges.

— J'ai déjà essayé, ça n'a rien donné. Il t'écoutera peut-être, toi.

À cet instant, on frappa fort à la porte.

— Sortez de là ! cria Emmett. Toute résistance est inutile !

— Je peux lui mettre la tête dans la cuvette ? demanda Annie.

— Non ! répliqua Georges. Il n'est pas méchant. En fait, je le trouve plutôt sympa. Il suffit de prendre la peine de lui parler…

Au milieu de la semaine, la mère d'Annie décida qu'une journée au calme à la maison s'imposait. Le lendemain marquerait le moment fort du séjour de Georges. Éric leur avait obtenu des billets pour assister au départ de la navette spatiale. Ils seraient sur l'aire de lancement pendant le décollage de l'immense vaisseau !

Excité comme une puce, Emmett ne cessait de marmonner des consignes de pilotage et de parler de vitesse de révolution orbitale.

Georges et Annie s'enthousiasmaient pour des raisons différentes. Le premier jubilait à l'idée de voir l'énorme fusée qui permettrait à la navette de foncer dans l'espace. Récemment, il avait emprunté une porte créée par Cosmos pour s'y rendre et là, il assisterait au départ d'une vraie navette pour un voyage extraordinaire !

La seconde pétillait d'une joie secrète en attendant le lancement.

— Mon plan prend forme, chuchota-t-elle à Georges. Nous allons démasquer ces extraterrestres ! Je te le promets !

Malheureusement, elle refusait de lui dévoiler comment. Dès qu'il lui posait une question, son regard se perdait dans le vide.

— Je t'expliquerai, le moment venu. Pour l'instant, fais-moi confiance.

Son silence agaçait tellement Georges qu'il préférait discuter avec Emmett plutôt qu'avec Annie lorsqu'elle jouait les mystérieuses.

Cependant, plus elle se comportait en agent secret chargé de surveiller des activités extraterrestres, plus Georges se creusait la cervelle afin de déchiffrer le message crypté et de découvrir son origine. Il avait essayé d'en parler à Éric. Peine perdue.

— Georges, lui avait répondu patiemment Éric, je suis désolé. Je ne crois pas qu'une forme de vie extraterrestre s'amuse avec mon robot ou veuille détruire la Terre. Alors s'il te plaît : laisse tomber ! J'ai des problèmes bien plus importants à régler. L'Agence envisage d'envoyer un autre engin sur Mars pour effectuer le travail de Homer. L'heure est grave. Tout le monde n'est pas aussi intéressé par les voyages spatiaux qu'Annie et toi. Certaines personnes les considèrent comme inutiles et envisagent leur arrêt.

— Mais toutes ces inventions qui nous viennent de la recherche spatiale ? avait protesté Georges. Si l'homme n'avait pas marché sur la Lune, notre vie quotidienne serait vraiment différente !

— De plus, avait ajouté Éric, même si nous pouvions réparer Cosmos, je ne sais pas s'il serait prudent d'utiliser la porte, après tout ce qu'il a subi. Et s'il plantait pendant que l'un de nous se promène dans l'espace ? Si on ne pouvait pas le redémarrer à temps ? Homer n'est qu'un robot, Georges. Il ne vaut pas la peine qu'on prenne autant de risques.

— Vous oubliez la fin du message ! s'était exclamé Georges. La Terre est barrée !

LES INVENTIONS SPATIALES

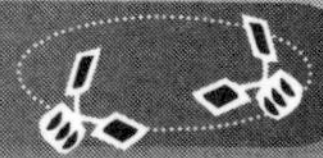

De nombreux objets dont nous nous servons sur Terre proviennent des avancées de la technologie spatiale. En voici quelques exemples:

- air conditionné économe en énergie
- amélioration des IRM
- appareils de contrôle des cheminées d'usine
- appareils de mesure de la pollution
- appareils de radiographie portatifs
- aspirateurs de table
- atténuateurs de bruit
- batteries compactes
- casques antichocs
- circuits miniaturisés
- clubs de golf composites
- design des bus scolaires (amélioration)
- détecteurs de feu et de flammes
- détecteurs de fuites radioactives
- détection du saturnisme
- emballages alimentaires
- garnitures de freins de voiture (amélioration)
- instruments pour opération de la cataracte
- lentilles résistant aux rayures
- lunettes de ski antibuée
- lyophilisation
- mains robotisées
- matériaux résistants au feu
- navigation par satellite
- pacemakers programmables
- pneus neige sans clous
- pompes à insuline automatiques
- purificateurs d'air
- revêtements anticorrosion
- services d'avis de tempête (radar Doppler)
- systèmes de prévison des séismes
- systèmes de purification des piscines
- systèmes d'alarme résidentielle
- systèmes d'analyse des os
- systèmes d'énergie solaire
- téléviseurs à écran plat
- traitement des eaux usées
- tubes de dentifrice
- vêtements de protection

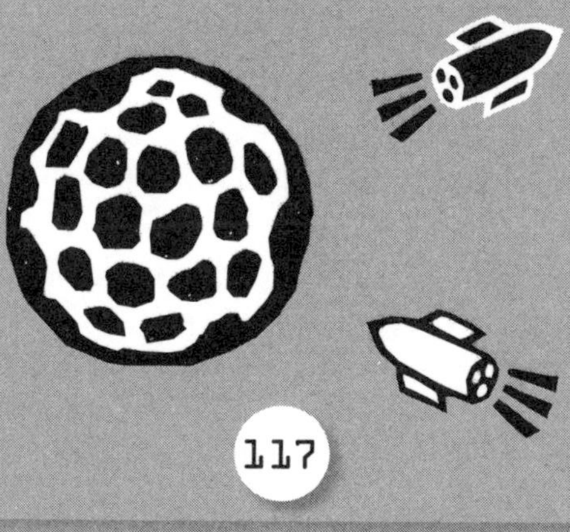

— Quelqu'un a voulu nous faire une farce, avait expliqué Éric. N'y pense plus. Je vais dépanner Homer, même si je ne sais pas encore comment. Et puis ce n'est pas la fin de notre planète. Il lui reste plusieurs milliards d'années à vivre avant que notre Soleil meure. Pas de quoi paniquer !

— Enfin ! s'exclama Annie.

Son père était parti au travail, sa mère sortie quelques minutes et Emmett semblait absorbé par son simulateur en ligne.

— Nous pouvons travailler sur notre Opération E.T. Nous n'avons pas beaucoup de temps. Il faut que Cosmos fonctionne avant demain. C'est capital. Tu viens, Georges ?

Elle grimpa quatre à quatre l'escalier menant à la chambre de ses parents. Georges la suivit en bougonnant.

— Tu ne crois pas que j'ai droit à une explication ? demanda-t-il sur le seuil de la porte. J'en ai marre que tu me répètes : « Tu auras accès aux informations si c'est strictement nécessaire, Georges. » Je suis venu aux États-Unis parce que tu avais besoin de mon aide, et pour l'instant, tu ne m'as pas révélé un millième de ton plan.

Un grand sourire aux lèvres, Annie sortit de la chambre de ses parents avec une boîte métallique.

— Je suis désolée, murmura-t-elle. Mais je ne voulais pas que tu dises à Emmett que nous partions dans l'espace à la chasse aux extraterrestres.

— La confiance règne ! s'exclama Georges, vexé.

Annie fonça dans sa chambre et posa la boîte sur son bureau.

— Cosmos se trouve là-dedans, annonça-t-elle. Et j'ai la clé !

Elle lui montra une petite clé au bout d'une chaîne qu'elle portait autour du cou, ouvrit la boîte et en sortit l'ordinateur portable argenté si familier. Puis elle referma la boîte et retourna la ranger dans l'armoire de ses parents.

— Comment t'es-tu procuré la clé ? s'enquit Georges.

— Je l'ai empruntée... annonça la cachottière. Après que j'ai allumé Cosmos et reçu le message, papa a décidé de l'enfermer dans une boîte, mais il ignore à quel point je suis intelligente !

— Ou à quel point tu aimes fouiner, rectifia Georges.

— Peu importe. On continue.

Elle ouvrit Cosmos, le brancha, appuya sur ENTRÉE – la touche secrète qui donnait accès à l'Univers –, mais rien ne se passa. Elle appuya une nouvelle fois : l'écran demeura blanc.

Soudain, la porte de sa chambre s'entrouvrit, et quelqu'un pointa le bout de son nez.

— Qu'est-ce que vous faites ? demanda Emmett.

— Rien ! aboya Annie.

Elle bondit aussitôt sur ses pieds et essaya de lui boucher la vue, mais Emmett s'était déjà faufilé à l'intérieur.

— Si tu ne me dis pas ce que tu fabriques avec cet ordinateur, la menaça-t-il, je raconte tout à tes parents.

— Et tu vas leur raconter quoi ? l'interrogea Annie.

— Que ni eux ni moi ne devons apprendre ce que tu mijotes.

— De toute façon, il n'y a rien à savoir.

— Moi, je sais que vous n'avez pas le droit de vous servir de cet ordinateur très puissant, paraît-il. Je vous ai entendus, Georges et toi, quand vous faisiez des messes basses.

— Tu m'énerves ! cria Annie en se jetant sur lui.

— Je te déteste ! cria-t-il à son tour en la bousculant. Je ne voulais pas venir ici en vacances. Je préférais accompagner mes parents dans la Silicon Valley. C'est le pire été de ma vie !

— Vous n'avez pas bientôt fini, tous les deux ? hurla Georges.

Annie et Emmett s'arrêtèrent net et regardèrent, surpris, leur ami habituellement si paisible.

— On se calme. Vous êtes ridicules ! Emmett passe d'horribles vacances et s'ennuie à mourir. Tu es un génie de l'informatique, pas vrai, Emmett ?

— Affirmatif, grommela celui-ci.

— Et toi, Annie, tu as un problème d'ordinateur et tu ne sais pas le résoudre ? Pourquoi ne demandes-tu pas à Emmett – gentiment – de jeter un coup d'œil à Cosmos pour voir s'il ne peut pas le réparer ? Cela l'amusera peut-être et ça te rendrait service, non ?

— Mouais, marmonna Annie.

— Très bien, continua Georges. Annie, explications !

Elle désigna le portable argenté sur son lit.

— Ceci est un ordinateur…

— Pas possible ! ironisa Emmett.

— … très, très spécial, enchaîna Annie. Il est capable d'ouvrir des portails sur l'espace.

Emmett la regarda de haut.

— Ça m'étonnerait !

— C'est vrai, intervint Georges. Cet ordinateur s'appelle Cosmos et, quand il fonctionne, il est fascinant. Éric l'a inventé, mais nous l'avons abîmé l'année dernière. Aujourd'hui, Éric en a vraiment besoin. Emmett, tu crois que tu pourrais le réparer ?

— Je vais chercher mon kit d'urgence ! s'exclama Emmett en souriant jusqu'aux oreilles.

— Il n'est pas si horrible, commenta Georges après son départ. Laisse-lui une chance.

— Une seule, grommela Annie.

Emmett revint les bras chargés de matériel informatique, de CD, de tournevis de tailles différentes. Il les empila avec soin avant de manipuler Cosmos. Annie et Georges l'observèrent en silence, tandis que son air béat s'effaçait au fil des minutes et laissait place à un froncement de sourcils inquiétant.

— Waouh ! fit-il. Je n'avais jamais vu ça. Je ne pensais pas que quelqu'un était capable de fabriquer un ordinateur que je ne comprendrais pas.

— Tu peux le sauver ? chuchota Annie.

Emmett paraissait stupéfait.

— Cette bécane est trop cool ! Moi qui croyais que l'informatique quantique était une théorie.

Concentré, il se mordait la lèvre pendant son examen approfondi de Cosmos. Le chant des grillons dans le jardin les berçait. Soudain, ils entendirent un autre bruit, si léger qu'ils se demandèrent d'où il venait.

— Qu'est-ce... ?

— Chut ! ordonna Annie.

Même bip discret. Quand ils regardèrent le génial ordinateur de plus près, ils aperçurent une petite lumière jaune sur le côté. Au milieu de l'écran, qui jusqu'à présent était resté blanc, une fine ligne surgit.

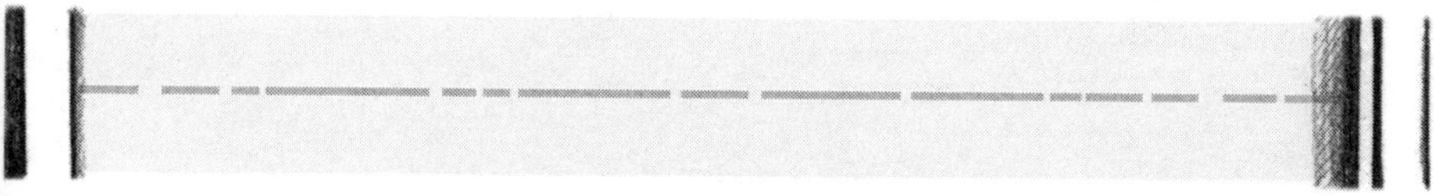

— Emmett ! siffla Annie.

Folle de joie, elle le prit dans ses bras. Emmett se contracta et fit la grimace.

— Tu as réussi ! s'exclama-t-elle. Je vais essayer de lui parler.

Annie se pencha vers l'écran.

— Cosmos, je t'en prie, reviens, le supplia-t-elle. Nous avons besoin de toi.

L'écran clignota puis s'éteignit. Cosmos bipa de nouveau – une fois, deux fois. Une autre ligne apparut en travers de l'écran, ondula quelques secondes, forma un cercle et disparut.

— C'est bizarre, commenta Emmett.

Il vérifia quelques commandes, appuya sur une dizaine de touches puis s'adossa à son siège.

Il y eut un vrombissement et, enfin, Cosmos parla.

— 1010111110000010.

Georges et Annie demeurèrent bouche bée. Ils n'avaient pas imaginé une seule seconde que Cosmos fonctionnerait à nouveau sans qu'ils comprennent ce qu'il dise.

— 11000101001, continua Cosmos.

Annie tira Emmett par la manche.

— Qu'est-ce que tu lui as fait ? demanda-t-elle, paniquée. Où est le message extraterrestre ?

— Par les cordes super symétriques sacrées ! s'écria Emmett. Il parle en base deux.

— En quoi ? s'enquit Georges.

— C'est une numération pondérée dont la base est deux, expliqua Emmett. Le système binaire est utilisé par tous les ordinateurs au monde.

Emmett pianotait sur le clavier quand Cosmos hurla :

— 10100010101110101010001010101010110101000000 10010101.

— Que lui arrive-t-il ? s'inquiéta Annie. Il parle, mais nous ne le comprenons pas. Pourquoi ?

— Ainsi, vous communiquez avec cette bécane... marmonna Emmett. Parce que là, il utilise le système sous-jacent qui se situe en dessous du langage informatique. Une sorte de prélangage.

— 1101011 ! gémit Cosmos.

— Oh non ! lâcha Annie. Il serait redevenu un bébé ordinateur qui babillerait ?

Cosmos gazouilla, puis éclata de rire.

— Il ne saurait dire que « ateau ! papa ! mama ! » ? continua Annie.

— Je crois que oui, répondit Emmett.

Trop occupé à fixer l'écran, il ne s'était pas aperçu qu'il était du même avis qu'Annie.

— Je vais essayer quelque chose, proposa-t-il. Voyons s'il connaît le langage BASIC.

— GOTO GOTO GOTO GOTO, répondit Cosmos.

Emmett inséra un CD dans le super-ordinateur.

— Je tente une mise à jour plus compliquée. Quelque chose de plus récent. Comme il évolue au Moyen Âge de l'informatique, essayons FORTRAN 95.

— REAL. NOT. END. DO, répliqua Cosmos.

Emmett recommença et cette fois-ci, l'écran de Cosmos s'obscurcit, ses circuits sifflèrent.

LE CODE BINAIRE

Notre système numérique normal fonctionne sur une base 10. Il y a des chiffres de 1 à 9, puis le chiffre 1 se déplace dans la « colonne » suivante pour montrer l'existence des dizaines. Après 99 (9 x 10 plus 9 x 1), on a besoin d'une nouvelle colonne pour afficher les centaines (10 x 10). Même chose pour les milliers (10 x 10 x 10) une fois que 999 est atteint. Etc.
Dans le système binaire, la base est 2 et non plus 10. Ainsi, les colonnes représentent des multiples de 2. C'est-à-dire : 2, 4 (2 x 2), 8 (2 x 2 x 2), etc. Le chiffre 3 devient donc 11 (1 x 2 plus 1 x 1). Compter de 1 à 10 revient donc à écrire 1, 10, 11, 100, 101, 110, 111, 1 000, 1 001, 1 010.
Les premiers programmeurs en informatique ont décidé d'utiliser le code binaire parce qu'il est plus simple de concevoir un circuit qui comporte les positions « on » et « off » qu'un circuit avec plusieurs états alternatifs. Le code binaire fonctionne en effet sur le même principe que celui des systèmes électriques des premiers ordinateurs, qui ne reconnaissaient que les positions ON/OFF – ce qui pouvait être représenté par 0 pour OFF et par 1 pour ON. Ainsi, les calculs complexes pouvaient être traduits en circuits ON/OFF à l'intérieur de l'ordinateur.

— Il ingurgite toutes ces données, expliqua Emmett. Ça vous donne des frissons, hein ?

Enfin, Cosmos leur parla dans un langage compréhensible.

— Ça gaze ? demanda-t-il.

— Cosmos ! s'écria Annie, surexcitée. Tu es de retour ! Quelle excellente nouvelle ! Bon, j'ai besoin de toi pour ouvrir une porte, aussi vite que possible. Il faut que je jette un œil…

— Nan nan nan, répondit Cosmos avec paresse.

Georges décida d'intervenir.

— Cosmos ! le supplia-t-il. Nous avons de gros ennuis. Il faut absolument que tu nous aides.

— Tu vois pas que je décompresse, là ? répliqua l'ordinateur le plus intelligent au monde.

— Tu quoi ? demanda Georges, qui se pencha en avant pour mieux le regarder.

— Eh ! Zieute ailleurs ! hurla soudain Cosmos. On regarde pas, mec. C'est privé, interdit, je te dis.

— Cosmos, insista Georges. La situation est désespérée…

— La ferme, l'interrompit Cosmos. Je suis occupé. Et t'avise pas de mater mon écran ou aut' chose.

— Cosmos, roucoula Annie. Pourquoi te vexes-tu ?

— Discuter avec ces gars-là, c'est la mort. Mais toi, je te kiffe. Ouais, t'es réglo, ma belle.

— Merci, répondit Annie. Cosmos, écoute-moi, c'est la folie dehors. Mon père pète un plomb parce que quelqu'un… comment dire ?… a piraté son robot.

— Trop dur ! s'exclama Cosmos, enfin intéressé.

Abasourdis, Georges et Emmett les écoutaient papoter.

— Tu es le seigneur des ordis ! continua Annie. Dis, tu nous aides à trouver qui a trafiqué Homer ?

— O.K., baby, je suis dessus.

Tandis qu'il ronronnait, Annie se tourna vers Georges et Emmett, un sourire de satisfaction aux lèvres.

— Il me kiffe ! répéta-t-elle, joyeuse. Et regardez… Une porte vers l'Univers !

Un petit rai de lumière avait jailli de l'écran et, à l'autre bout de la pièce, Cosmos dessinait le portail que Georges et Annie avaient emprunté pour visiter l'Univers. Il s'entrebâilla sur un ciel sombre et parsemé d'étoiles, qui brillaient avec plus d'éclat que d'habitude.

Une planète rouge chatoyait au loin.

Georges faisait un pas en avant quand la porte lui claqua au nez.

Un large écriteau où l'on avait griffonné en majuscules : « DÉFENSE D'ENTRER ! » s'afficha à cet instant.

Ils sursautèrent : Cosmos avait mis de la techno à fond derrière la porte !

— Annie, que se passe-t-il ? s'inquiéta Georges.

— Eh bien, je n'en suis pas très sûre, mais Cosmos me fait penser à des garçons plus âgés de mon collège. Ils se croient cool et ont le même vocabulaire.

— Quel âge ont-ils ?

— Environ quatorze ans. Pourquoi ?

Georges avait déjà réfléchi à la question.

— Parce que, tout à l'heure, Cosmos a commencé par le langage informatique de base. Ensuite, Emmett lui a donné un coup de pouce, mais il n'a pas pu le mettre à jour totalement. Cela signifie que Cosmos est maintenant…

Annie finit sa phrase, entre peur et émerveillement :

— … un adolescent !

— Que va dire ton père ? demanda Georges.

— À mon avis, mieux vaut qu'il ne l'apprenne pas. Enfin, pas tout de suite.

La porte d'entrée s'ouvrit au rez-de-chaussée.

— Vite ! s'exclama Annie. Emmett, éteins Cosmos.

Emmett ferma l'ordinateur et le glissa sous le lit d'Annie. Ils entendirent des bruits de pas dans l'escalier. Quand il ouvrit la porte de la chambre de sa fille, Éric découvrit les trois enfants assis côte à côte, feuilletant un livre qu'il avait écrit.

— Content de vous voir ensemble, dit-il.

Annie passa un bras autour du cou d'Emmett.

— Pas de problème. Nous sommes amis maintenant, n'est-ce pas, Emmett ?

Elle le poussa un peu du coude.

— Parle, lui ordonna-t-elle à voix basse.

— Oui, je confirme, répondit Emmett machinalement.

Il n'en revenait toujours pas d'avoir vu Cosmos ouvrir un portail sur l'espace.

— Bien, bien. Ainsi vous lisez un de mes livres, *Commencement du temps et fin de la physique* ? Comment vous le trouvez ?

— Très intéressant, répondit Georges, qui n'en avait pas compris un traître mot.

Emmett revint à la vie.

— Vous avez fait une erreur, page quatre-vingt-neuf.

— Vraiment ? demanda Éric avec le sourire. Personne ne m'en a jamais fait la remarque, mais tu as peut-être raison.

— Je peux vous suggérer une manière de la rectifier, poursuivit Emmett.

Quand Annie grogna, Georges lui décocha un regard sévère.

— Je voulais dire : bien vu, Emmett, dit-elle.

— Bon ! enchaîna Éric. J'avais l'intention de vous

emmener manger une glace, mais vous êtes tellement absorbés par votre lecture que je ne vais pas vous déranger plus longtemps…

— Une glace ! s'exclamèrent Annie et Georges en chœur.

Ils bondirent sur leurs pieds tandis qu'Emmett restait assis sur le lit, ne parvenant pas à détacher son regard du livre.

— La Terre appelle Emmett ! lança Annie. Opération glace ! Tu sais, le truc froid et sucré que tous les enfants adorent. Nous allons en manger une.

Emmett leva les yeux, l'air hésitant.

— Vous voulez que je vienne ?

— Oui ! s'écrièrent Annie et Georges.

Chapitre 7

Le lendemain se présenta comme une journée belle et calme, le temps idéal pour s'envoler dans l'espace. Annie réveilla Georges et Emmett de bonne heure.

— C'est aujourd'hui que la navette décolle ! cria-t-elle dans l'oreille de Georges.

Celui-ci grommela et se cacha sous son oreiller.

— Debout ! Debout ! insista-t-elle.

Elle s'empara de la couette et dansa avec elle au milieu de la chambre.

— C'est le jour le plus génial de notre vie !

Emmett s'assit vite dans son lit.

— Je suis tellement heureux de pouvoir…

Soudain, il se précipita dans la salle de bains.

Annie prit Georges par la main, l'aida à se lever alors qu'il peinait à ouvrir les yeux. Emmett revint en titubant, la mine pâlichonne.

— Arbre ! ordonna Annie. Maintenant ! Nous avons un emploi du temps à organiser !

Encore en pyjama, ils descendirent à pas de loup et se faufilèrent dehors par la véranda. Georges grimpa à l'arbre, Annie le suivit avec agilité, abandonnant Emmett en bas.

— Allez, monte ! lui cria-t-elle. Grouille !

— Je ne peux pas, gémit Emmett.

— Pourquoi ?

— Je ne suis jamais monté dans un arbre…

— Mais c'est pas vrai ! geignit Annie. Tout le monde sait grimper aux arbres ! Tu fais quoi de tes journées ?

— Je rédige des programmes informatiques. Seul.

Annie soupira tandis que Georges sautait prestement à terre. Il souleva Emmett, le poussa vers la première branche et, avec toutes les difficultés

du monde, Georges et Annie réussirent à le hisser jusqu'à la plus grosse. Emmett ne semblait pas du tout à l'aise.

— Parlons de choses sérieuses, décréta Annie. L'aventure commence aujourd'hui. Nous devons nous montrer courageux et exceptionnels. Si la chance nous accompagne, nous sauverons la planète Terre. Pour ça, personne ne doit pleurer, se plaindre, ou courir se réfugier dans les jupes de ma mère. Compris, Emmett ?

Cramponné à sa branche, Emmett hocha la tête.

— Oui, Annie, bredouilla-t-il.

— Tu es notre ami, maintenant. Si tu as quelque chose à dire, tu t'adresses à Georges ou à moi. Tu ne te précipites pas vers un adulte.

— Oui, Annie. Tu sais, je n'ai jamais eu d'amis avant.

— Eh bien maintenant, tu en as deux ! s'exclama Georges.

— Et nous avons besoin de toi, ajouta Annie. Tu es indispensable à la réussite de notre plan. Ne nous laisse pas tomber.

— Promis, promis, promis !

— Tout ça, c'est très bien, le coupa Georges. Mais, concrètement, on fait quoi ?

— Nous partons pour un grand voyage cosmique. Alors soyez attentifs, sauveurs de la planète Terre, car je vous invite à rencontrer… l'Univers ! Voici mon plan : nous allons nous habiller, mettre Cosmos dans un sac à dos, trouver mon père et nous rendre à l'Agence spatiale globale. C'est là que tout va commencer.

« L'Aigle s'est posé ! »

Voilà le message que l'astronaute américain Neil Armstrong a envoyé de la Lune au centre de contrôle des missions de Houston, au Texas, le 20 juillet 1969 lors de la mission *Apollo 11*. *Eagle* (l'Aigle) était le module lunaire qui s'était détaché du vaisseau *Columbia*, resté en orbite à 100 kilomètres au-dessus de la surface de la Lune. Alors que l'astronaute Michael Collins demeurait à bord du module de commande, le module lunaire se posait dans une zone nommée « la mer de la Tranquillité ». Comme il n'y a ni eau ni habitants sur la Lune, personne n'a été éclaboussé ! Neil Armstrong et Buzz Aldrin, les deux astronautes qui étaient à bord d'*Eagle*, sont devenus ce jour-là les premiers hommes à visiter la Lune.

Neil Armstrong a été le premier à sortir de la capsule et à poser le pied (gauche) sur la Lune. Buzz Aldrin l'a suivi, a regardé autour de lui (le ciel noir comme jais, les cratères d'impact, les couches de poussière lunaire) et commenté : « Magnifique désolation. » Comme prévu, ils se sont dépêchés de mettre des pierres de lune et de la poussière dans leurs poches. Ainsi, même s'ils devaient quitter précipitamment les lieux, ils rapporteraient des échantillons.

En fait, ils sont restés une petite journée sur la Lune et ont parcouru près d'un kilomètre à pied. Le voyage épique d'*Apollo 11* demeurera l'un des périples dans l'inconnu les plus enthousiasmants que l'homme ait jamais effectué. Aujourd'hui, trois cratères au nord de la mer de la Tranquillité portent le nom des astronautes de cette mission – Collins, Armstrong et Aldrin.

On a marché sur la Lune

Apollo 11 compris, 12 astronautes au total auront marché sur la Lune. Chaque mission cumulait les dangers, comme l'a montré la mission *Apollo 13* en avril 1970 : une explosion à bord du module de service a obligé les astronautes mais aussi les techniciens au sol à déployer des efforts héroïques pour ramener le vaisseau spatial sur Terre en toute sécurité.

Tous les astronautes des missions *Apollo* – y compris ceux de la poignante mission 13 – sont revenus sains et saufs. Ces hommes et ces femmes étaient des spécialistes hautement entraînés, ayant des connaissances solides en aviation, en ingénierie et en science. Mais le lancement et le bon fonctionnement d'une mission nécessitent des personnes aux talents variés. Les missions *Apollo*, les précédentes et les suivantes sont le résultat du travail de dizaines de milliers de personnes qui élaborent et font fonctionner des matériels informatiques et des logiciels complexes.

Les missions *Apollo* ont également rapporté 382 kilogrammes de roches lunaires, ce qui a permis aux scientifiques de les étudier et de mieux comprendre la Lune, sa relation à la Terre, etc.

La dernière mission à destination de la Lune se nommait *Apollo 17*. Elle s'est posée dans la vallée de Taurus-Littrow le 11 décembre 1972 et y est restée 3 jours. À 29000 kilomètres de nous, l'équipage d'*Apollo 17* a photographié une Terre ronde et complètement éclairée. Ce cliché intitulé « La Bille Bleue » est peut-être le plus répandu au monde. Depuis, aucun homme n'a pris une photo de la Terre d'aussi loin.

Le premier homme dans l'espace

Les missions *Apollo* n'étaient pas les premières à envoyer des hommes dans l'espace. Le cosmonaute soviétique Iouri Gagarine, qui a gravité autour de la Terre le 12 avril 1961 dans sa capsule nommée *Vostok*, a été le premier homme à se rendre dans l'espace.

Six semaines après l'exploit historique de Gagarine, le président américain John F. Kennedy a déclaré qu'un homme se poserait sur la Lune dans les dix ans. Dans ce but, la NASA (Administration nationale de l'aéronautique et de l'espace) a tout mis en œuvre pour concurrencer le programme spatial habité russe, même si, à l'époque, la NASA n'avait qu'une expérience de vol spatial de 16 minutes. La course à l'espace et à la Lune avait commencé !

LES VOLS SPATIAUX HABITÉS (SUITE)

Mercury, Gemini et les sorties dans l'espace

Le programme *Mercury*, projet concernant un seul astronaute américain, a été conçu pour vérifier si les hommes pouvaient survivre dans l'espace. En 1961, l'astronaute Alan Shepard a été le premier Américain dans l'espace. Il a effectué un vol suborbital de 15 minutes. L'année suivante, John Glenn a été le premier astronaute de la NASA à graviter autour de la Terre.

S'est ensuivi le programme *Gemini* de la NASA, un projet très important qui enseignait aux astronautes à amarrer des véhicules dans l'espace. Il leur permettait aussi de s'entraîner à effectuer des sorties extravéhiculaires (EVA), etc. Mais le premier homme à le faire a été le cosmonaute russe Alekseï Leonov en 1965. Les Russes ne se sont pas rendus sur la Lune, cet honneur revenant aux États-Unis en 1969.

Les premières stations spatiales

Quand la course à la Lune a été terminée, les gens se sont moins intéressés aux programmes spatiaux. Néanmoins, Russes et Américains n'ont pas abandonné la partie. Les Soviétiques ont travaillé sur un programme ultra-secret nommé Almaz (« Diamant »). Ils souhaitaient disposer d'une station spatiale habitée en orbite autour de la Terre. Après un premier essai raté, les versions *Saliout 3* et *Saliout 5* ont eu plus de succès, mais ni l'une ni l'autre n'a duré plus d'une année.

Les Américains ont développé leur propre version, *Skylab*, une station spatiale orbitale qui fonctionna 8 mois en 1973. *Skylab* possédait un télescope qui permettait aux astronautes d'observer le Soleil. Ils ont ramené des photographies solaires comprenant des radiographies d'éruptions solaires et de taches sombres sur le Soleil.

Une poignée de main dans l'espace

À cette époque, sur Terre, au milieu des années 1970, l'URSS et les États-Unis étaient engagés dans la « guerre Froide ». En résumé, les deux pays ne s'affrontaient pas avec des armes, mais ils se détestaient et ne se faisaient aucunement confiance. En revanche, dans l'espace, ils ont commencé à travailler ensemble. En 1975, le programme *Apollo-Soyouz* a donné lieu à la première « poignée de main dans l'espace » entre les deux superpuissances adverses. *Apollo*, le vaisseau américain, s'est amarré à *Soyouz*, le soviétique ; l'astronaute américain et le cosmonaute russe (qui ne se seraient jamais rencontrés sur Terre) se sont serré la main.

La navette

La navette spatiale était un nouveau genre de vaisseau. Contrairement aux engins précédents, elle était réutilisable : elle volait dans l'espace telle une fusée et revenait sur Terre en planant avant de se poser sur une piste comme un avion. La navette était également conçue pour emporter aussi bien du fret que des astronautes. La première navette américaine, *Columbia*, a été lancée en 1981.

L'ISS (Station spatiale internationale)

En 1986, les Russes ont lancé la station spatiale *Mir*, mot qui signifie « monde » ou « paix ».
Mir était la première station à la fois grande et sophistiquée à graviter autour de la Terre. Construite dans l'espace durant une période de 10 ans, elle était conçue comme un « laboratoire spatial » afin que les scientifiques mènent des expériences en quasi-apesanteur. De la taille de 6 autobus, *Mir* hébergeait entre 3 et 6 astronautes à la fois.

La construction de l'ISS a débuté dans l'espace en 1988. Faisant le tour du globe en 90 minutes, ce complexe de recherches est le symbole de la coopération internationale entre scientifiques et astronautes de divers pays impliqués dans son bon fonctionnement et vivant à bord. L'ISS est entretenue par la navette spatiale de la NASA, le vaisseau spatial russe *Soyouz* et les ATV (vaisseaux-cargos automatiques) de l'ESA (Agence spatiale européenne). L'équipage dispose aussi de véhicules de secours permanents, en cas d'évacuation d'urgence de l'ISS.

L'avenir

En 2010, quand la navette spatiale américaine sera hors service, l'ISS sera ravitaillée par des vaisseaux *Soyouz* et *Progress* russes.

La NASA travaille sur un nouveau type de vaisseau appelé *Orion*, qui, espère-t-elle, nous ramènera sur la Lune, voire au-delà, sur Mars, la planète rouge, par exemple.

Un nouveau type de voyage spatial devient peu à peu une réalité. Dans l'avenir, les « touristes de l'espace » seront peut-être capables d'effectuer des vols suborbitaux de courte durée. Un jour, qui sait, peut-être pourrons-nous partir en vacances sur la Lune ?

La première étape de leur voyage cosmique, expliqua Annie, les conduirait à l'aire de lancement de l'Agence spatiale globale, où ils assisteraient au décollage de la navette.

L'Agence possédait des départements dans plusieurs villes d'Amérique, chacun étant responsable d'une spécificité liée au vol spatial. En Floride, scientifiques et techniciens s'occupaient du lancement des navettes et des sondes autonomes dans le cosmos. À Houston, au Texas, ils prenaient le contrôle des vols spatiaux habités après le décollage et, en Californie, une autre mission surveillait les vols spatiaux inhabités. Parfois, Éric se rendait dans l'un de ces bureaux, mais il avait décidé d'installer sa famille en Floride afin qu'ils ne déménagent pas sans arrêt.

Le plan d'Annie consistait à entrer dans le bâtiment principal de l'Agence spatiale globale et à récupérer leurs combinaisons qu'Éric avait rangées dans la salle blanche, puis, comme la navette, ils quitteraient la Terre pour l'espace. Sans combinaison, ils auraient trop froid et, surtout, ils avaient besoin d'oxygène et d'un moyen de communiquer avec Cosmos.

Il était quasiment impossible aux enfants d'entrer seuls dans l'Agence : non seulement il leur fallait des laissez-passer spéciaux, mais aussi une voiture pour s'y rendre. Même s'ils avaient déjà voyagé sur une comète, Georges et Annie ne savaient pas conduire une voiture

ordinaire; ils avaient besoin du père d'Annie pour les transporter au point de départ de leur voyage. De toute évidence, les trois comploteurs n'avaient pas l'intention de dire à Éric qu'il serait leur chauffeur de taxi cosmique. Il penserait leur offrir une sortie hors du commun alors qu'ils comptaient mettre leur plan à exécution à la seconde où il les quitterait des yeux.

— Quand personne ne fera attention à nous... continua Annie.

— Parce que tu crois que ton père ne remarquera pas notre disparition ? l'interrompit Georges.

— Absolument ! Il sera trop occupé à observer la navette dans le ciel. À ce moment-là, je vous ordonne de courir. Ensuite, il ne nous reste plus qu'à trouver les combinaisons, les enfiler, allumer Cosmos et traverser le portail spatial. Simple comme bonjour ! Les plans les plus ingénieux le sont toujours. Comme le disait Einstein.

— Je pense qu'il parlait des théories scientifiques, commenta Georges. Pas de gamins qui voyagent tout seuls autour du Système solaire.

Le visage d'Emmett s'était assombri.

— Moi aussi, je vais dans l'espace ? murmura-t-il. J'aimerais beaucoup, mais j'ai plein d'allergies et je pourrais...

— Non, Emmett, le rassura Annie. Tu es le contrôleur de ce voyage cosmique. Tu resteras sur Terre avec Cosmos et tu nous dirigeras. Alors n'aie pas peur de croiser une cacahouète dans l'espace !

— Ouf ! lâcha Emmett, soulagé. Ma mère ne me le pardonnerait jamais.

— Et nous ? demanda Georges.

— Toi et moi ? répondit Annie. Nous allons sur Mars, Georges, pour résoudre cette énigme.

Depuis le grand balcon au sommet du bâtiment principal de l'Agence spatiale globale, Georges, Annie et Emmett surplombaient le terrain qui s'étendait entre eux et la navette spatiale. Silencieuse, celle-ci semblait patienter tranquillement sur son pas de tir. Des échafaudages la maintenaient en position verticale. Deux lignes de chemin de fer reliaient l'aire de lancement au plus imposant bâtiment que Georges ait jamais vu.

— Là-bas, leur expliqua Éric en le désignant du doigt, c'est le hangar où on prépare la navette avant son décollage. Il s'agit du bâtiment d'assemblage des véhicules. Il est tellement grand que la navette tient debout à l'intérieur et que des nuages s'y forment de temps à autre !

— Il pleut dans le bâtiment ? l'interrogea Annie.

— Oui, les employés y travaillent avec un parapluie ! Quand il est prêt à partir, l'orbiteur – la partie « navette » – emprunte les rails pour se rendre sur l'aire de lancement.

Avec son nez blanc et noir dirigé vers le ciel, l'orbiteur semblait petit par rapport à l'immense réservoir de combustible orange au-dessous. Celui-ci était flanqué de deux longs propulseurs blancs attendant l'allumage.

— Vous voyez, on a reculé les échafaudages, poursuivit Éric. Cela signifie qu'on a fermé les trappes d'accès et que les équipes qui ont préparé la navette ont quitté la zone.

— Comme dans mon jeu, se vanta Emmett. Celui qui vous apprend à piloter une navette.

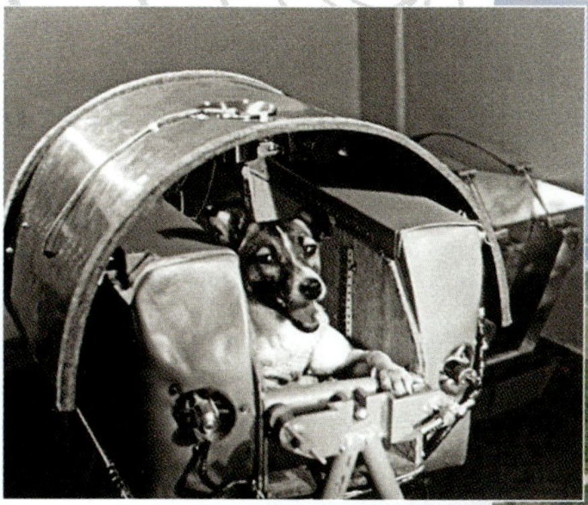

Laïka, la première créature vivante mise en orbite.

© NASA / Science photo library

Lancement du premier vol spatial américain habité, en mai 1961.

Lancement de la fusée spatiale soviétique *Vostok I* transportant Iouri Gagarine, en avril 1961.

© Ria Novosti / Science photo library

Iouri Gagarine.

© NASA / Science photo library

Rendez-vous : le vaisseau *Gemini VI* photographié depuis *Gemini VII* en décembre 1965.

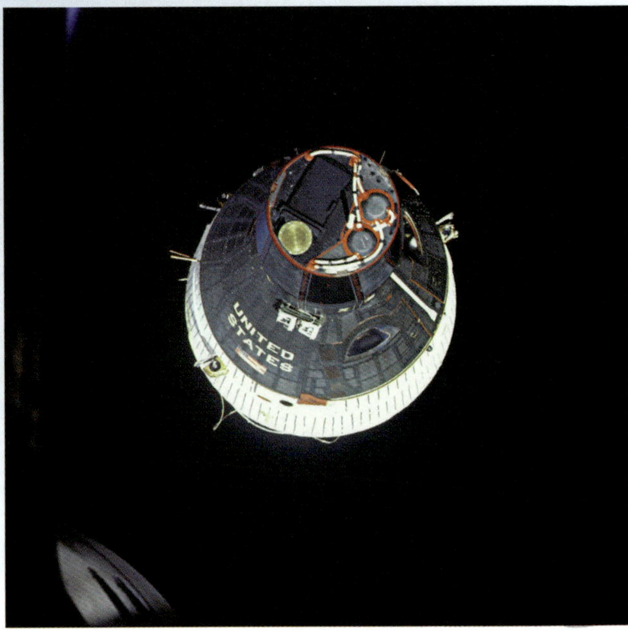

© NASA / Science photo library

Le vaisseau *Gemini VII* photographié depuis *Gemini VI* en décembre 1965.

© NASA / Science photo library

EVA (sortie extravéhiculaire) : astronaute émergeant du module de commande.

© NASA / Science photo library

Empreinte du premier pas de Neil Armstrong sur la Lune, le 20 juillet 1969.

© NASA / Science photo library

L'astronaute d'*Apollo 11* Buzz Aldrin marche sur la Lune.

© NASA / Science photo library

L'astronaute James B. Irwin et le rover lunaire, mission *Apollo 15*, juillet 1971.

© NASA / Science photo library

Ci-dessus : cockpit de simulation de la navette spatiale, 1999.

© NASA / Science photo library

Lancement de la première navette spatiale, *Columbia*, en 1981.

Astronaute flottant dans la Station spatiale internationale (ISS).

© NASA / Science photo library

Astronaute de l'ISS et fruits frais en microgravité.

Astronautes se préparant des hamburgers à bord de l'ISS.

© NASA / Science photo library

L'ISS et ses nouveaux panneaux solaires, 2006.

© NASA / Science photo library

Vue du vaisseau russe *Soyouz*, photographié d'une navette spatiale américaine.

Ci-dessus : *SpaceShipOne* rentrant dans l'atmosphère terrestre.

© Christian Darkin / Science photo library

Image créée par ordinateur de *SpaceShipOne*, un vaisseau privé lancé avec succès dans l'espace en juin 2004.

© NASA / Science photo library

Image créée par ordinateur de la sonde *Voyager*.

© J NASA / JPL / UA / Lockheed Martin / Science photo library

Image créée par ordinateur de la sonde *Phoenix* sur Mars.

Image du canyon Chasma Boreale sur Mars.

© NASA / Science photo library

Mercure

© NASA / JHU-APL / Carnegie institution of Washington / Science photo library

La surface couverte de cratères de la planète Mercure.

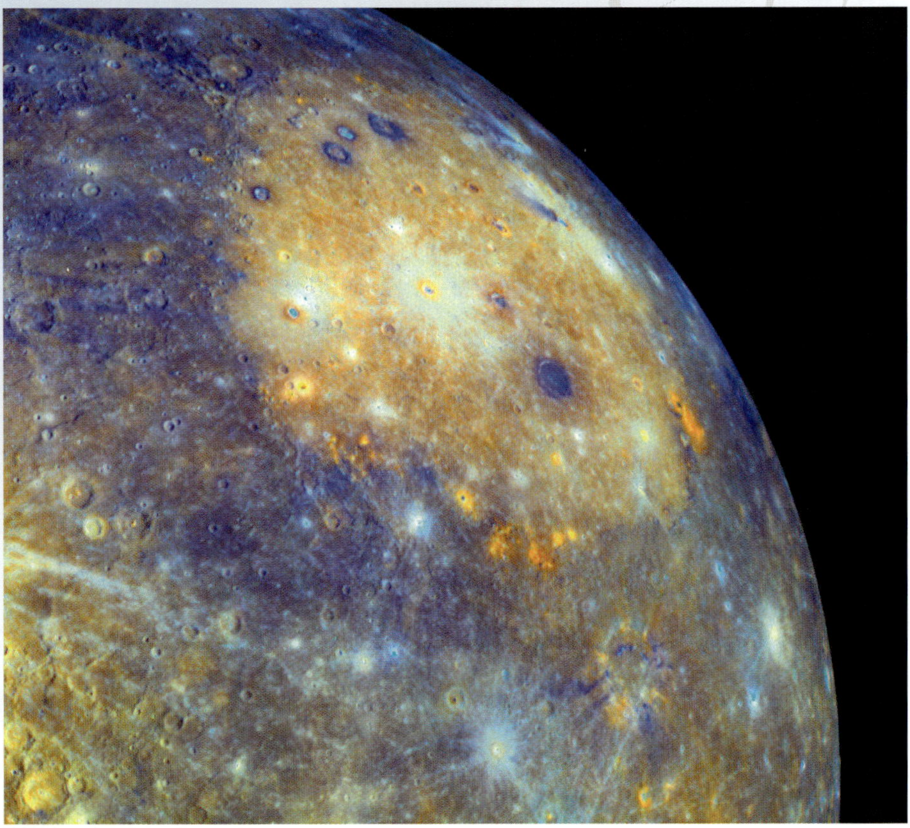

© NASA / JHU-APL / ASU / Carnegie institution of Washington / Science photo library

Les cratères de Mercure.

Vénus

© JPL / NASA / Science photo library

Volcans sur Vénus.

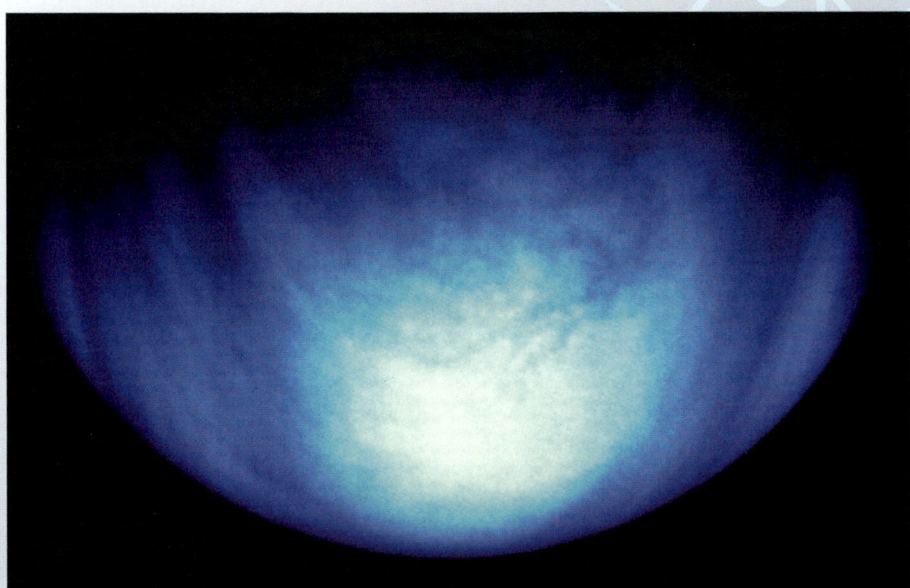

© NASA / Science photo library

L'atmosphère de Vénus.

Jupiter

© NASA / Science photo library

Image de Jupiter par *Voyager 1*.

Saturne

Image de Saturne
et de son système d'anneaux
par *Voyager 1*.

© NASA / Science photo library

Image de Titan,
un satellite de Saturne,
devant Saturne,
par la sonde *Cassini*.

© NASA / Science photo library

Uranus et Neptune

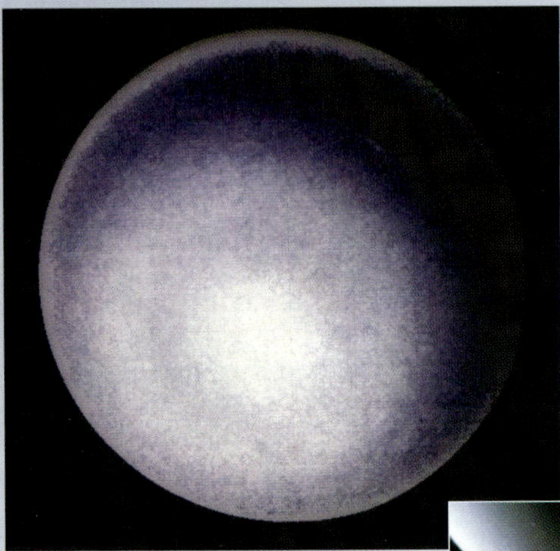

© NASA / Science photo library

Image d'Uranus par *Voyager 2*.

Ci-dessous : image de Neptune et Triton, son plus grand satellite à peine visible ici, par *Voyager 2*.

© NASA / Science photo library

© JPL / NASA / Science photo library

Image de Neptune par *Voyager 2*.

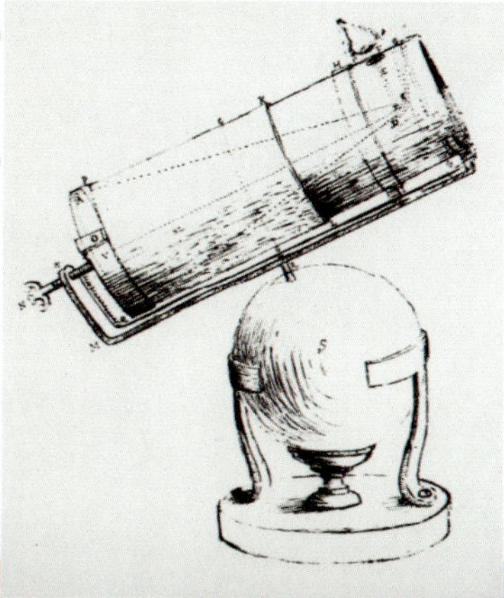

© Science photo library

Dessin par Isaac Newton de son télescope réflecteur.

© David Parker / Science photo library

Dôme du télescope Isaac Newton à La Palma en Espagne.

Le désert du Kalahari, en Namibie (Afrique australe), vu de l'espace.

© NASA / Science photo library

© John Chumack / Science photo library

Pluie de météores léonides.

© Pekka Parviainen / Science photo library

Vue terrestre de la planète Vénus et de la Lune.

© NASA / Science photo library

Déploiement du télescope spatial *Hubble* (HST)
depuis la navette spatiale *Discovery*, en 1990.

© Canada-France-Hawaii † Telescope / Science photo library

Image optique colorée de la nébuleuse de la Rosette.

© Robert Gendler / Science photo library

Image optique de la nébuleuse de la Tarentule.

Image du télescope spatial *Hubble* d'une collision de galaxies.

© NASA / STSCI / Aura / Esa / A. Evans (university of Virginia, Charlottesville; NARAO; stony brook university) / Science photo library

© Robert Gendler / Science photo library

Image optique d'une galaxie spirale.

© JPL-Caltech / STSCI / Vassar / NASA / Science photo library

Image composite infrarouge d'une collision de galaxies.

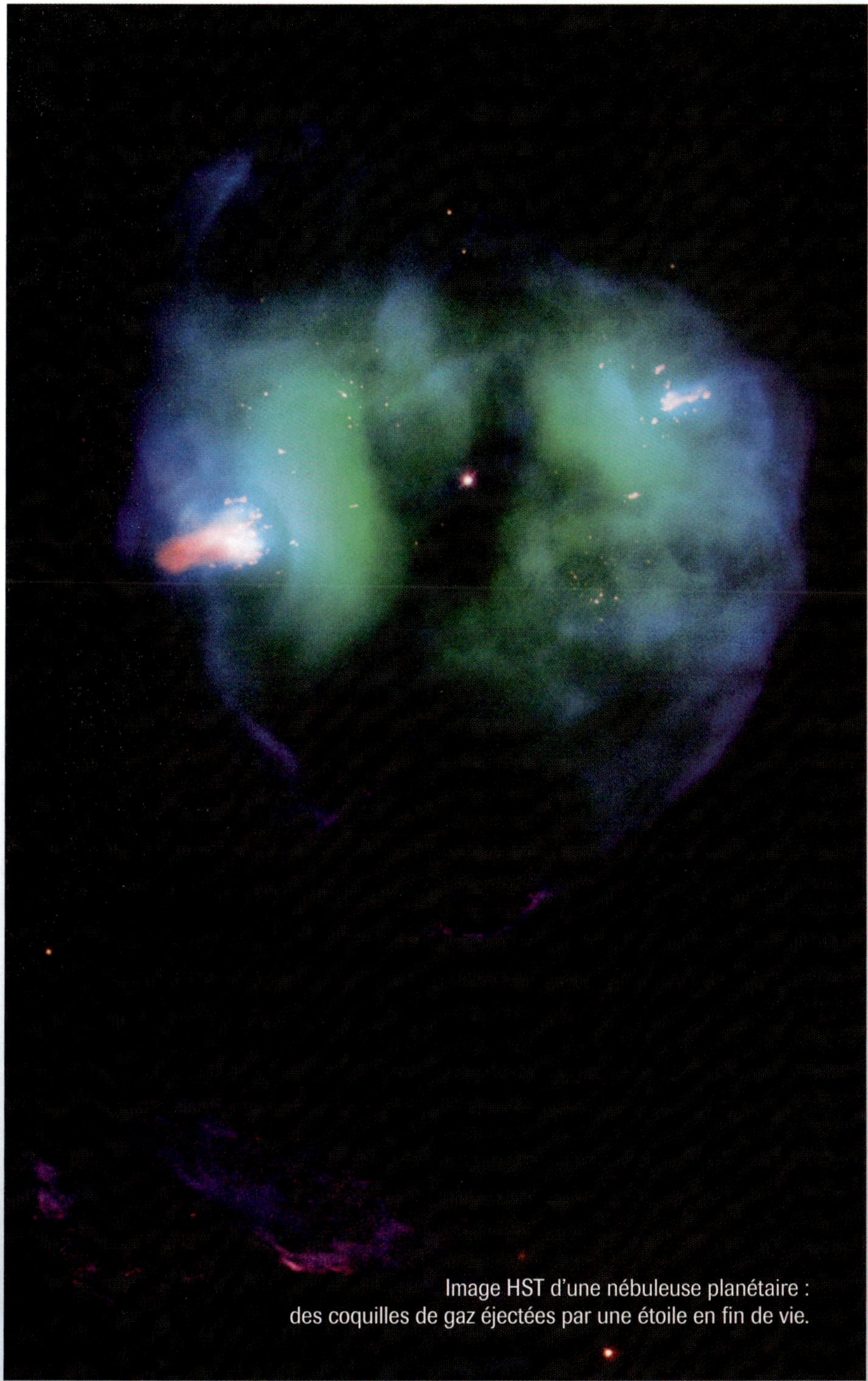
© NASA / ESA / STSCI / Aura / Science photo library

Image HST d'une nébuleuse planétaire : des coquilles de gaz éjectées par une étoile en fin de vie.

© NASA / ESA / K. Sahu (STSCI) / Sweeps science team / Science photo library

Champ d'étoiles où les oscillations gravitationnelles montrent des planètes extrasolaires importantes.

© NASA / ESA / G. Bacon (STSCI) / Science photo library

Image créée par ordinateur d'une planète géante gazeuse extrasolaire en orbite autour d'une étoile dans la constellation Vulpecula ou constellation du Petit Renard.

© NASA / Science photo library

Lever de Terre au-dessus de la Lune.
Photo prise par les astronautes américains à bord d'*Apollo 8*, en 1968.
Il s'agit d'une des premières images de la Terre vue d'un autre monde.

Mars

© NASA / ESA / STSCI / Aura / J. Bell (Cornell university) / M. Wolff (Space science institute, Boulder) / Science photo library

Approche de Mars par le télescope spatial *Hubble*, en 2007.

© European space agency / DLR / FU Berlin (G. Neukum)/ Science photo library

Signes typiques d'érosion martienne.

© NASA / JPL-Caltech / University of Arizona / Texas A and M university / Science photo library

Image de glace sur Mars par *Phoenix Mars Lander*.

© NASA / JPL / JHUAPL / MSSS / Brown university / Science photo library

Image-satellite aux couleurs accentuées d'un delta de rivière martien.

Titan

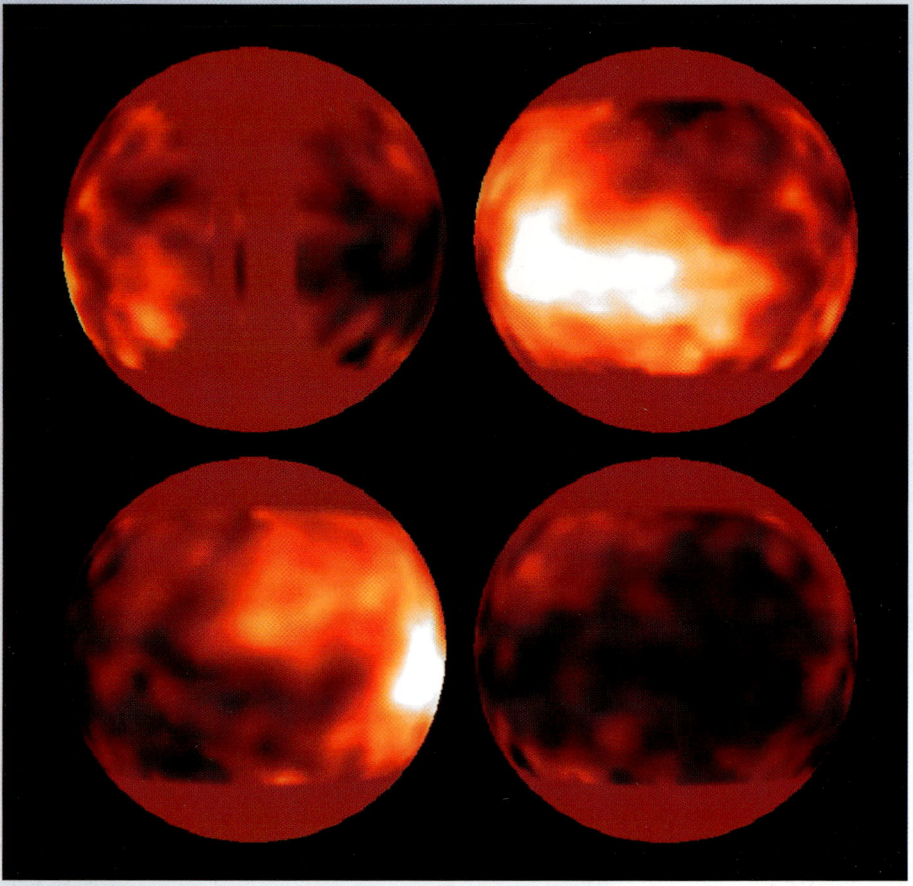

Image HST de la surface de Titan en 1994. En haut à gauche, on voit l'hémisphère qui fait face à Saturne ; en bas à droite, celui qui tourne le dos à Saturne.

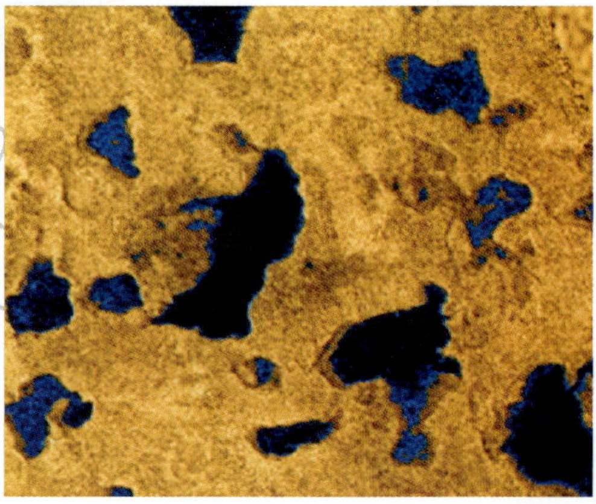

Image de lacs d'hydrocarbure sur Titan par *Cassini*.

© NASA / JPL / U. Arizona / Science photo library

Image de la surface de Titan par *Cassini*.

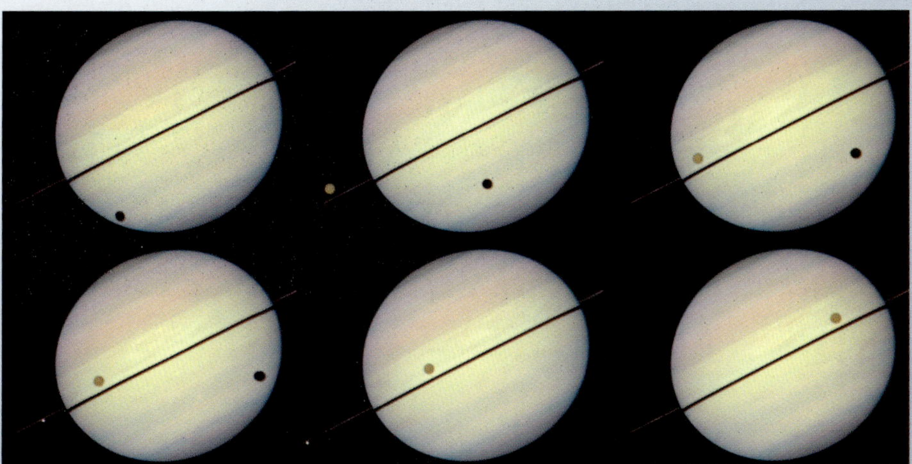

© NASA / ESA / E. Karkoschka (university of Arizona) / G. Bacon (STSCI) / Science photo library

Image HST de Titan en orbite autour de Saturne, en 1995.

Alpha du Centaure

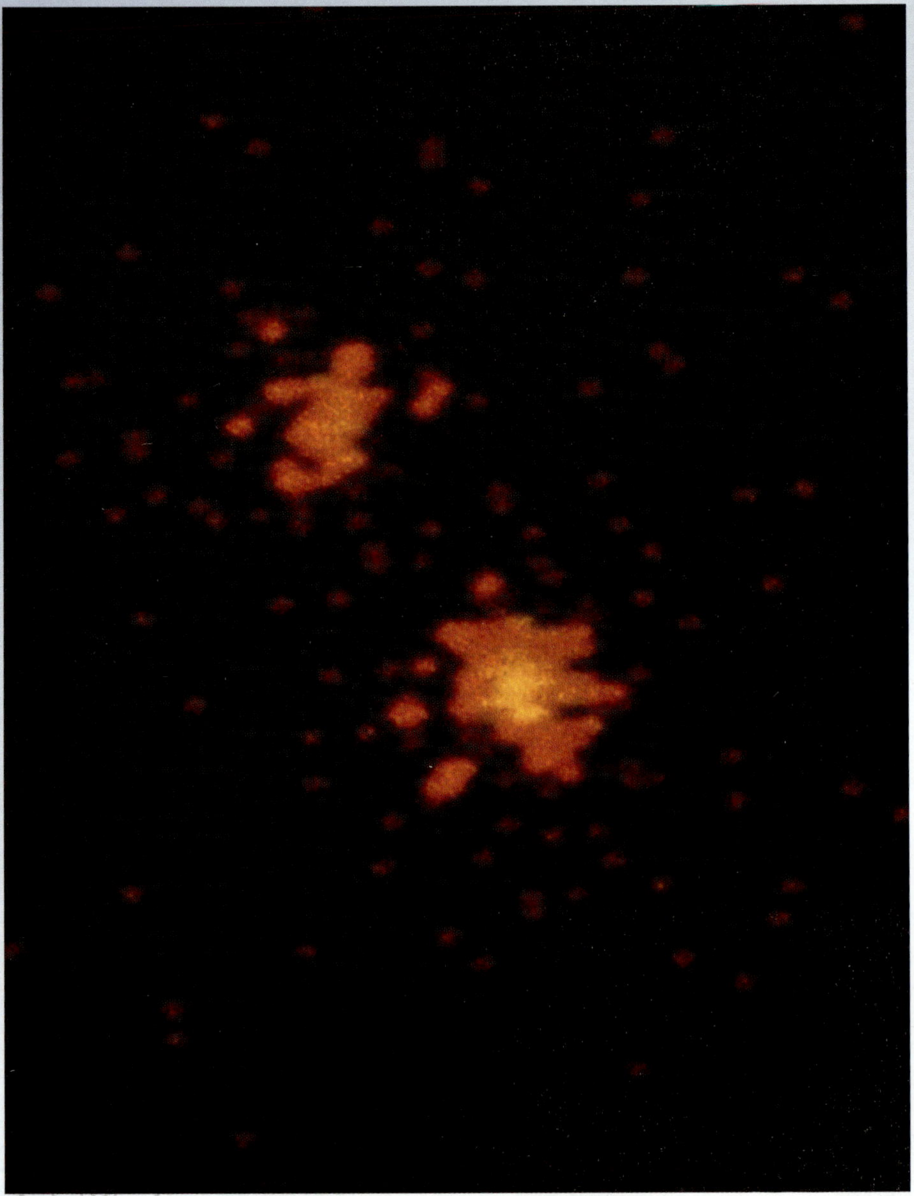

Image aux rayons X d'Alpha du Centaure montrant les deux étoiles les plus brillantes du système.

55 Cancri

© Lynette Cook / Science photo library

Vue d'artiste des planètes et de leur orbite dans le système d'étoiles binaires 55 Cancri.

© Lynette Cook / Science photo library

Vue d'artiste d'une planète extrasolaire autour de 55 Cancri.

La Terre

© Kevin A Horgan / Science photo library

Vue de la Terre depuis l'espace, en vraies couleurs, montrant l'Europe et le nord de l'Afrique.

— J'aimerais bien l'essayer, déclara une voix dans son dos.

Georges se retourna. Une femme vêtue d'une combinaison bleue de l'Agence spatiale globale se tenait derrière eux. Georges devina tout de suite qu'elle était une vraie astronaute.

— Avec joie ! répondit Emmett. Si vous venez à la maison ce soir, je vous montrerai comment on joue !

Là, il croisa le regard d'Annie.

— Euh... non, pas ce soir, se dépêcha-t-il d'ajouter. Nous sommes un peu occupés, et je n'aurai peut-être pas le temps. Mais passez demain, si vous voulez. Nous serons revenus. Enfin, nous n'allons nulle part mais... Aïe !

Annie lui avait donné un méchant coup de coude.

— J'essayais de me montrer sympathique, lui chuchota-t-il. Comme tu me l'as conseillé.

— Oui ! aboya Annie. Mais sympathiser ne veut pas dire raconter ta vie au bout de deux minutes !

— Comment se fait-on des amis, alors ? gémit Emmett.

— Écoute, pour le moment, nous avons une planète à sauver. Demain, je t'enseignerai cet art, d'accord ?

— D'accord, répondit Emmett sur un ton solennel. Voilà des vacances que je qualifierais de méga géniales.

— Mais vous savez déjà piloter une navette spatiale, non ? demanda Georges, histoire de détourner l'attention. Vous ne seriez pas astronaute ?

— C'est exact, confirma la femme en combinaison bleue. Je suis spécialiste de mission. En tant que scientifique, je me rends dans l'espace pour effectuer des expériences, des sorties, et aider à la construction de la Station spatiale internationale. Je suis entraînée à piloter des navettes spatiales, mais ce n'est pas vraiment mon travail. Ce sont le commandant et le pilote qui conduisent la navette et l'arriment à l'ISS. Mon travail commence quand nous entrons dans la station.

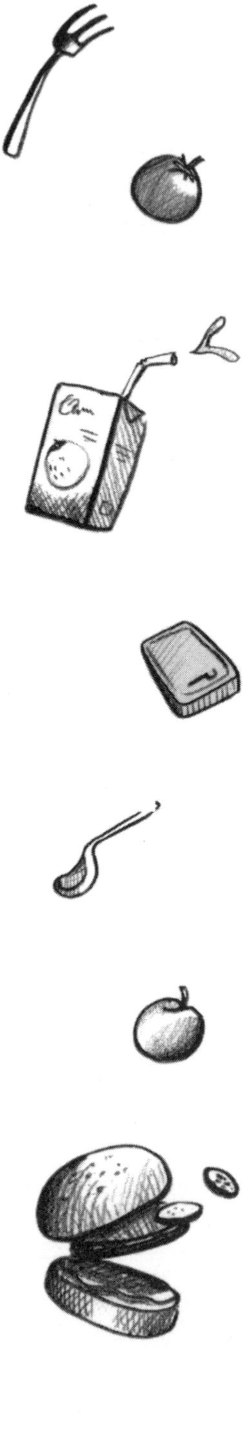

— Et là, vous êtes en apesanteur ? s'enquit Annie.

— Oui. C'est très amusant, mais problématique quand il s'agit de manger ou de boire. Nous buvons à l'aide de pailles, et la nourriture est présentée en sachets. On les ouvre, on plonge notre fourchette dedans en espérant que les aliments s'y accrocheront et ne voleront pas partout.

— Vous avez déjà fait des batailles de petits pois ? demanda Georges. Ça doit être cool.

— Comment allez-vous aux toilettes ? l'interrogea Emmett, méditatif. Ça doit être compliqué en microgravité.

— Emmett ! s'offusqua Annie. Je suis désolée, madame. Emmett, c'est embarrassant !

L'astronaute éclata de rire.

— Pas du tout ! Ne sois pas gênée par la question de ton frère.

Annie afficha une horrible grimace à l'idée qu'on la prenne pour la grande sœur d'Emmett.

— Tout le monde pose cette question, affirma l'astronaute. Eh oui, c'est un souci. Nous suivons des séances d'entraînement spéciales dans ce but.

— Des cours de toilettes pour devenir astronaute ! s'exclama Emmett, les joues rosies par le ravissement.

— C'est une des nombreuses choses qu'on nous enseigne avant de partir. Nous nous entraînons pendant plusieurs années afin d'apprendre les tâches à effectuer lors de nos missions de deux semaines dans l'espace : comment gérer l'apesanteur, manipuler le bras robotisé de la navette, se servir de tous les équipements électroniques et mécaniques compliqués. Aimeriez-vous devenir astronautes, plus tard ?

— Peut-être, répondit Annie. Cela dépend. Je voudrais être physicienne et footballeuse, alors je n'aurai sûrement pas le temps de suivre vos entraînements.

— Et vous deux ? Ça vous plairait d'aller dans l'espace ?

— Oh oui ! s'écria Georges. Plus que tout au monde !

Emmett secoua la tête.

— J'ai le mal des transports.

— On sait… soupira Annie.

À l'aller, il avait failli vomir dans son sac à dos – celui qui contenait Cosmos. Elle avait dû le lui arracher des mains et lui maintenir la tête hors de la voiture pour éviter un désastre. Rien de réjouissant.

À leurs côtés, Éric paraissait plutôt inquiet. Il salua l'astronaute.

— Bonjour ! Je m'appelle Éric, Éric Bellis, du Labo Science Mars.

— Le célèbre Éric ! s'exclama la jeune femme. Moi, c'est Jeanne. Je désespérais de vous rencontrer un jour. Les travaux que vous menez sur les formes de vie dans l'Univers, Homer, son exploration de Mars... Nous attendons avec impatience le résultat de ses découvertes.

Éric fronça les sourcils.

— Euh... oui... Eh bien... Nous aussi, mentit-il.

Tout en discutant, il triturait son bipeur, un petit appareil qui le tenait au courant des événements survenant sur Terre ou sur Mars.

— Ce sont vos enfants ? demanda Jeanne.

— Euh... Non. Juste Annie, la blondinette. J'ai loué les autres... ajouta-t-il en souriant. Ce sont ses amis, Georges et Emmett.

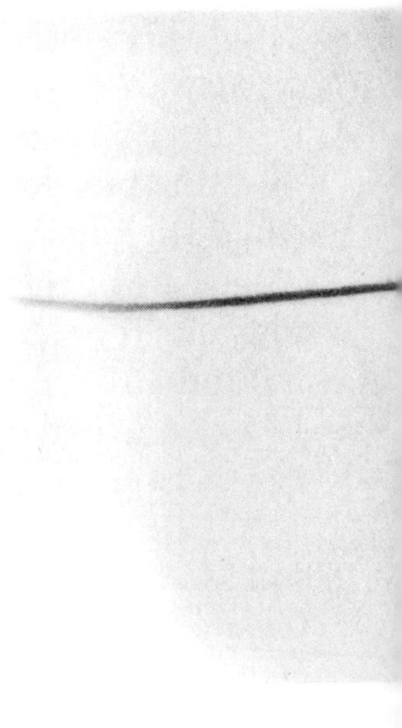

Soudain, son bipeur sonna dans sa main.

— Nom d'une comète ! marmonna-t-il avant de lever les yeux. Il y a urgence, je dois me rendre dans la salle de contrôle immédiatement.

— Laissez-moi les petits, proposa Jeanne. Il ne leur arrivera rien.

L'air coupable, les trois amis gigotèrent.

— Bipez-moi quand vous aurez terminé, continua-t-elle sur un ton enjoué. Je vous dirai où les récupérer.

— Merci ! lui lança Éric avant de disparaître en bas des marches.

Au mur, la pendule qui affichait l'heure du décollage était repartie. De temps en temps, elle s'arrêtait afin de permettre de nouvelles vérifications – des systèmes de lancement de la navette, des ordinateurs à bord de l'orbiteur, de la météo dans divers pays du monde, etc. L'horloge repartait une fois les inspections terminées et les ingénieurs rassurés. Là, le décollage aurait lieu dans quelques secondes à peine. Georges prit la main d'Annie tandis que tout le monde entamait le compte à rebours.

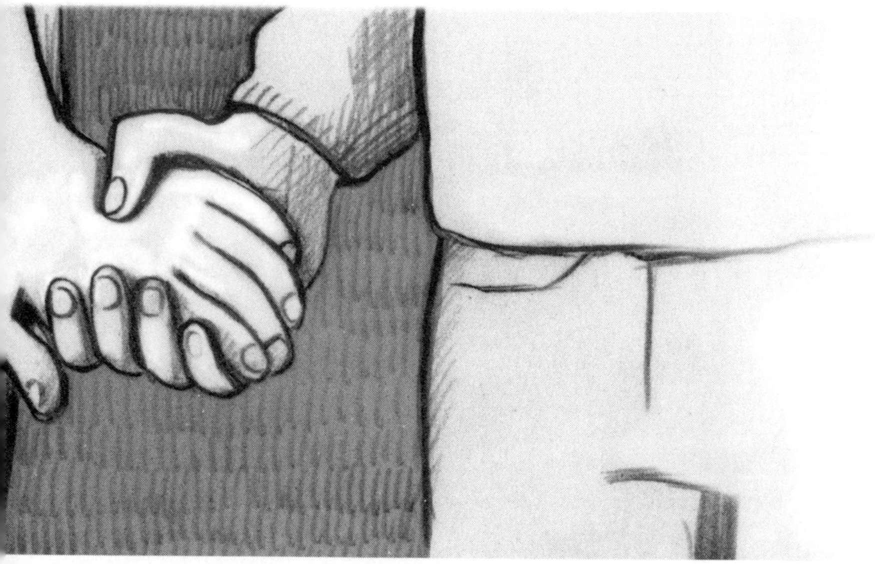

— Cinq… Quatre… Trois… Deux… Un !

Un gros nuage de poussière se forma à la base de la navette, s'éloigna lentement en volutes gris-blanc, légères et cotonneuses. Alors que la navette s'élevait dans le ciel, Georges et Annie aperçurent une lumière brillante à sa base. On aurait dit qu'elle était tirée par un fil invisible. La lumière brillait avec une telle intensité qu'ils n'auraient pas été étonnés si les cieux s'étaient écartés pour dévoiler un ange ou tout autre être céleste. La navette poursuivit son ascension grâce à la poussée incroyable des propulseurs.

— Quel calme, commenta Georges. On n'entend pas un bruit.

Jusqu'à présent, la navette avait entamé son voyage cosmique dans le silence le plus complet, comme s'ils regardaient la télévision sans le son. Mais, quelques secondes plus tard, le bruit déferla sur eux. Ils entendirent d'abord un craquement étrange, puis le boum les frappa de plein fouet, les engloutit telle une vague impétueuse. Le fracas fut si fort qu'il étouffa tout le reste, et le battement dans leur poitrine fut si intense qu'ils faillirent tomber à la renverse.

COMMENT LES SONS VOYAGENT-ILS DANS L'ESPACE ?

Sur Terre, il existe beaucoup d'atomes rapprochés qui se cognent les uns aux autres. Quand l'un d'eux est bousculé, il bouscule ses voisins qui bousculent les leurs, etc., jusqu'à ce que la masse des atomes soit agitée. De nombreux petits coups créent une série de vibrations qui voyagent au travers d'un matériau. L'air qui enveloppe la surface de la Terre est constitué d'un très grand nombre d'atomes et de molécules gazeux qui se percutent. Ils transportent les vibrations, tout comme la mer, les pierres sous nos pieds et aussi les objets de tous les jours. Les vibrations susceptibles de stimuler nos oreilles s'appellent des sons.

Il faut du temps pour que le son traverse un matériau parce qu'un atome doit transmettre chaque coup à ses voisins. La durée dépend de la force avec laquelle les atomes se bousculent entre eux, force qui dépend de la nature du matériau et d'autres facteurs comme la température. Dans l'air, le son parcourt 1,7 kilomètre toutes les 5 secondes. Comme cette vitesse est environ 1 million de fois plus lente que celle de la lumière, la lumière d'une navette spatiale sera immédiatement vue par les spectateurs alors que le bruit se produira plus tard. Le phénomène est le même pour l'éclair qui arrive avant le tonnerre (le coup donné aux molécules d'air par la décharge électrique soudaine et intense). Au fond de la mer, le son voyage environ 5 fois plus vite que dans l'air.

Tout est différent dans l'espace. Vu que les atomes sont très rares entre les étoiles, ils n'ont rien à bousculer. Bien sûr, si nous avons de l'air dans notre navette spatiale, le son voyagera normalement à l'intérieur. Une petite roche qui heurte le vaisseau fera vibrer ses parois, puis l'air qu'il contient, et nous l'entendrons. Mais les sons créés sur une planète ou une autre navette spatiale ne nous parviendront pas, à moins que quelqu'un les ait convertis en ondes radio (qui sont comme la lumière et n'ont pas besoin d'un matériau pour les transporter) et que nous possédions un récepteur radio pour les convertir en son dans notre vaisseau.

Il existe également des ondes radio naturelles dans l'espace ; elles sont produites par des étoiles et des galaxies lointaines. Les radioastronomes les examinent de la même manière que les autres astronomes étudient les rayonnements visibles de l'espace. Comme les ondes radio ne sont pas visibles et que nous sommes habitués à les convertir en son à l'aide de récepteurs radio, on pense souvent que les radioastronomes écoutent et ne « regardent » pas. En vérité, les deux professions font la même chose : ils étudient des types de vagues électromagnétiques venues de l'espace. Il n'y a donc pas à proprement parler de son dans l'espace.

Le rugissement des moteurs vibra longuement en eux tandis que la navette amorçait sa courbe, laissant une traînée de fumée blanche derrière elle. Sous leurs yeux fascinés, les minces nuages blancs dessinèrent une forme dans le ciel bleu.

— Ça ressemble à un cœur, murmura Annie, rêveuse. Comme pour dire : « Bons baisers de la navette spatiale ».

Une seconde plus tard, Annie revint à la réalité. Autour d'elle, les adultes contemplaient tous le ciel. Vite, elle prit Georges et Emmett par le bras.

— O.K. Je commence le compte à rebours. Vous êtes prêts à courir ? Cinq, quatre, trois, deux, un…

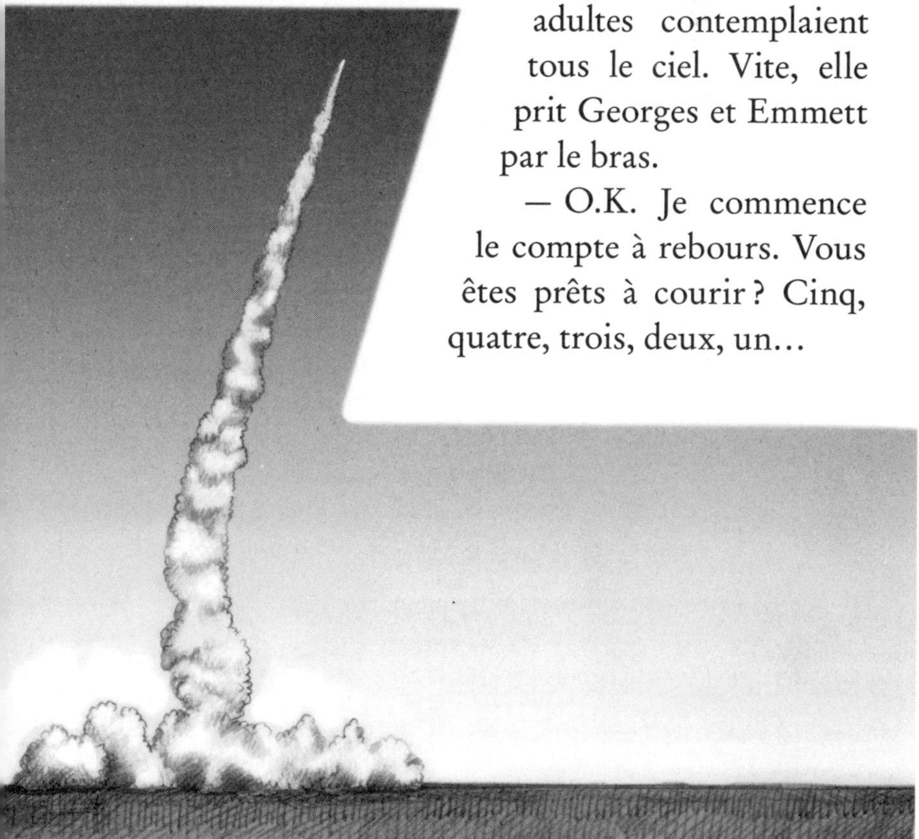

Chapitre 8

Tandis que la navette spatiale disparaissait dans le ciel, les enfants s'éclipsèrent par le même escalier que celui qu'Éric avait emprunté. Ils se retrouvèrent à l'intérieur d'un immense bâtiment dont les longs couloirs partaient dans toutes les directions.

— Par là, indiqua Annie, qui semblait cependant très peu sûre d'elle.

Ils coururent le long d'un couloir couvert de portraits encadrés d'astronautes et de dessins de leurs enfants, en mémoire de chacune de leurs missions.

— Hum… Essayons cette porte.

Annie poussa de toutes ses forces et découvrit une grande salle remplie de machines gigantesques.

— Oups… lâcha-t-elle. La prochaine sera la bonne.

Quand elle recula, elle marcha sur les pieds de Georges et d'Emmett.

— Tu sais où nous allons ? demanda Georges.

— Bien sûr ! répondit Annie d'un ton froissé. Je manque de repères dans ces couloirs qui se ressemblent tous... Nous cherchons la salle blanche. C'est là qu'ils rangent les combinaisons. Suivez-moi !

Georges sentit son cœur flancher à l'idée qu'Annie puisse le guider bientôt dans le Système solaire. Si elle ne trouvait pas son chemin dans l'Agence spatiale globale,

qu'elle prétendait avoir visitée à maintes reprises, pouvait-il lui faire confiance et la suivre sur Mars ?

Annie n'était pas du genre à baisser les bras. Elle les conduisit jusqu'à une autre porte, qu'elle entrouvrit. Dans la pièce sombre, devant un écran illuminé, un homme désignait une photographie de Saturne.

— Comme nous le constatons ici, les anneaux de Saturne sont composés de poussière et de roches qui gravitent autour de la géante gazeuse…

Georges repensa à la petite pierre qu'il avait ramassée sur Saturne quand Annie et lui avaient visité le Système solaire à cheval sur une comète. Malheureusement, le principal de son collège avait confondu son précieux trophée avec une vulgaire poignée de poussière et obligé Georges à la jeter à la poubelle. Si seulement il avait été capable de rapporter cette petite roche ici ! Quels renseignements sur l'Univers les scientifiques de l'Agence auraient-ils été capables de récolter à partir de ce fragment de Saturne ?

La porte sur laquelle était marqué COMÈTES était verrouillée.

— Ping pong ! fit le sac à dos d'Annie.

Apparemment, Cosmos s'était allumé sans l'aide de personne.

— Cosmos ! s'exclama Georges. Reste tranquille ! On essaie de trouver la salle blanche sans se faire remarquer.

— Oui, mais là je m'ennuie grave… râla le sac.

— Un ordinateur ne peut pas s'ennuyer ! répliqua Georges.

— Vas-y, qu'est-ce t'en sais ! grogna Cosmos d'une voix discordante.

— Emmett, demande-lui de se taire ! ordonna Annie.

— En fait, déclara Emmett, il vaudrait mieux qu'il reste allumé. Si je l'éteins et que je suis obligé de le démarrer dans l'urgence, le problème risque d'être pire.

— Par ici ! annonça Georges, qui avait repéré les mots SALLE BLANCHE sur une grande porte à deux battants.

— C'est là ! s'exclama Annie. Je m'en souviens, maintenant. Je ne suis jamais entrée, mais c'est dans cette pièce qu'ils gardent tous les équipements spatiaux. L'environnement y est hyper, super, propre, pour que les microbes et les bactéries ne circulent pas entre la Terre et l'espace.

— Elle a raison, ajouta Emmett. Il est très important que les microbes ne voyagent pas dans l'espace à bord d'un objet quelconque. En effet, comment saurions-nous si nous avons trouvé des preuves de vie dans l'espace ou de simples empreintes digitales laissées par n'importe qui à l'Agence ?

Annie se précipita vers la porte.

— Vite... pendant qu'ils sont tous là-haut en train de regarder le lancement !

Quand ils entrèrent, une surprise de taille les attendait : un tapis roulant ! Tandis qu'ils avançaient contre leur gré, des tuyaux leur soufflaient dessus. Tout à coup, des brosses surgirent du plafond, ils furent tous les trois aspergés d'eau et des peaux de chamois les lustrèrent.

— Que se passe-t-il ? cria Georges.

— On nous nettoie ! répondit Annie.

— Aaargggghhh ! hurla Cosmos. Ils vont me bousiller les ports !

Sous le regard affolé de Georges, des bras articulés s'emparèrent d'Annie. Ils la déposèrent dans une combinaison en plastique blanche, la coiffèrent d'une charlotte en papier, plaquèrent un masque sur son visage et lui enfilèrent des gants. Georges n'eut pas le temps de protester. Annie était déjà éjectée du tapis, évacuée derrière de nouvelles portes, et c'était son tour d'être habillé. Emmett eut droit lui aussi au même traitement, et ils se retrouvèrent tous trois dans un endroit inconnu, aveuglés par la blancheur incroyable qui les entourait.

Georges se serait cru à l'intérieur d'un dentier très blanc. Il y avait d'un côté un robot en construction,

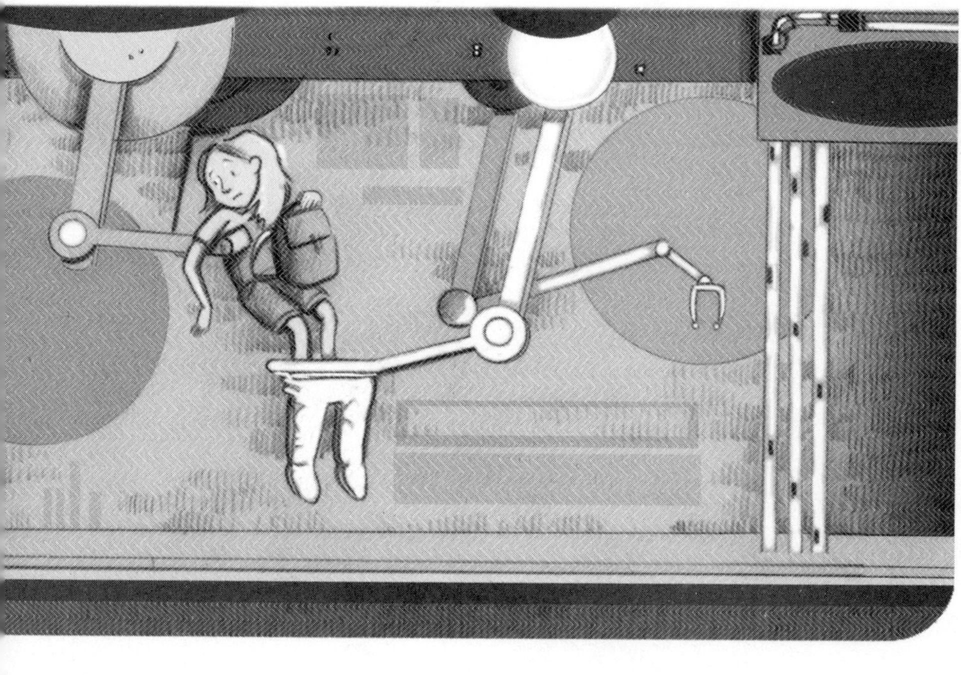

de l'autre une moitié de satellite. Tout brillait d'un éclat inhabituel. Même l'air semblait plus fluide, plus transparent. Sur un mur, un panneau affichait le nombre 100 000.

— C'est le nombre de particules que contient l'air, chuchota Emmett au travers de son masque. Ce n'est pas la plus propre des salles blanches – ici, ils ont un taux de 10 000. Cela signifie que dans chaque pied cube d'air, il n'y a pas plus de 10 000 particules plus grandes qu'un demi-micromètre ! Et un micromètre est égal à un millionième de mètre.

— Est-ce assez propre pour que nous décollions d'ici ? demanda Georges. C'est vrai ! Imaginez que nous déposions des preuves de vie sur Mars et que Homer les découvre par la suite ! On risque de compromettre le programme de recherche.

— En théorie, oui, répliqua Emmett, qui avait repris confiance en lui depuis que ses deux amis s'intéressaient à son domaine de compétence. Mais notre périple dépend de plusieurs choses : a) Cosmos, fonctionnera-t-il ? b) Annie et toi, parviendrez-vous à vous rendre sur Mars ? et c) la Terre est-elle vraiment menacée de destruction ? Si le message dit vrai et si vous ne partez pas, la vie cessera d'exister sur cette Terre, et le problème des preuves ne se posera plus.

Dans un coin de la salle blanche, Annie avait mis la main sur des combinaisons spatiales de couleur orange vif, qui ne ressemblaient absolument pas à celles qu'ils avaient portées lors de leurs précédents voyages dans l'Univers.

— Ce ne sont pas les nôtres, annonça-t-elle, déçue.

Elle fouilla davantage.

— Papa m'avait dit qu'il les avait rangées là pour plus de précaution. C'est impossible que quelqu'un les ait prises par erreur. Papa avait bien marqué qu'il s'agissait de prototypes à ne pas utiliser lors de missions spatiales.

De son côté, Emmett déchirait le film plastique qui enveloppait le sac à dos d'Annie depuis leur traversée du sas de décontamination. Il en sortit Cosmos en même temps que le livre jaune fluo d'Éric : *Le Petit Guide de l'Univers.*

— O.K., à nous deux, mon vieux, marmonna-t-il tout en se dégourdissant les doigts. L'Opération E.T. continue. Et maintenant, commandant Georges ?

— Vois si tu peux ouvrir une porte. Nous devons aller sur Mars, dans la région polaire nord. Destination Homer.

— Bingo ! s'écria Annie. J'ai les combinaisons !

Elle tenait des combinaisons blanches et lourdes, recouvertes de plastique sur lequel étaient marqués les mots : PROTOTYPE – NE PAS UTILISER.

Elle en lança une à Georges.

— Enlève juste ton masque, lui ordonna-t-elle. Et enfile ça sur le reste.

Georges et elle arrachèrent l'emballage et, lentement, commencèrent à s'habiller.

Pendant ce temps, Emmett avait affiché des clichés de Mars sur l'écran de Cosmos et zoomait sur la planète rouge. L'ordinateur demeurait étrangement silencieux.

— Pourquoi est-il si calme ? s'inquiéta Georges.

— J'ai eu une idée de génie, expliqua simplement Emmett. J'ai coupé le son.

Il monta le volume : Cosmos grommelait.

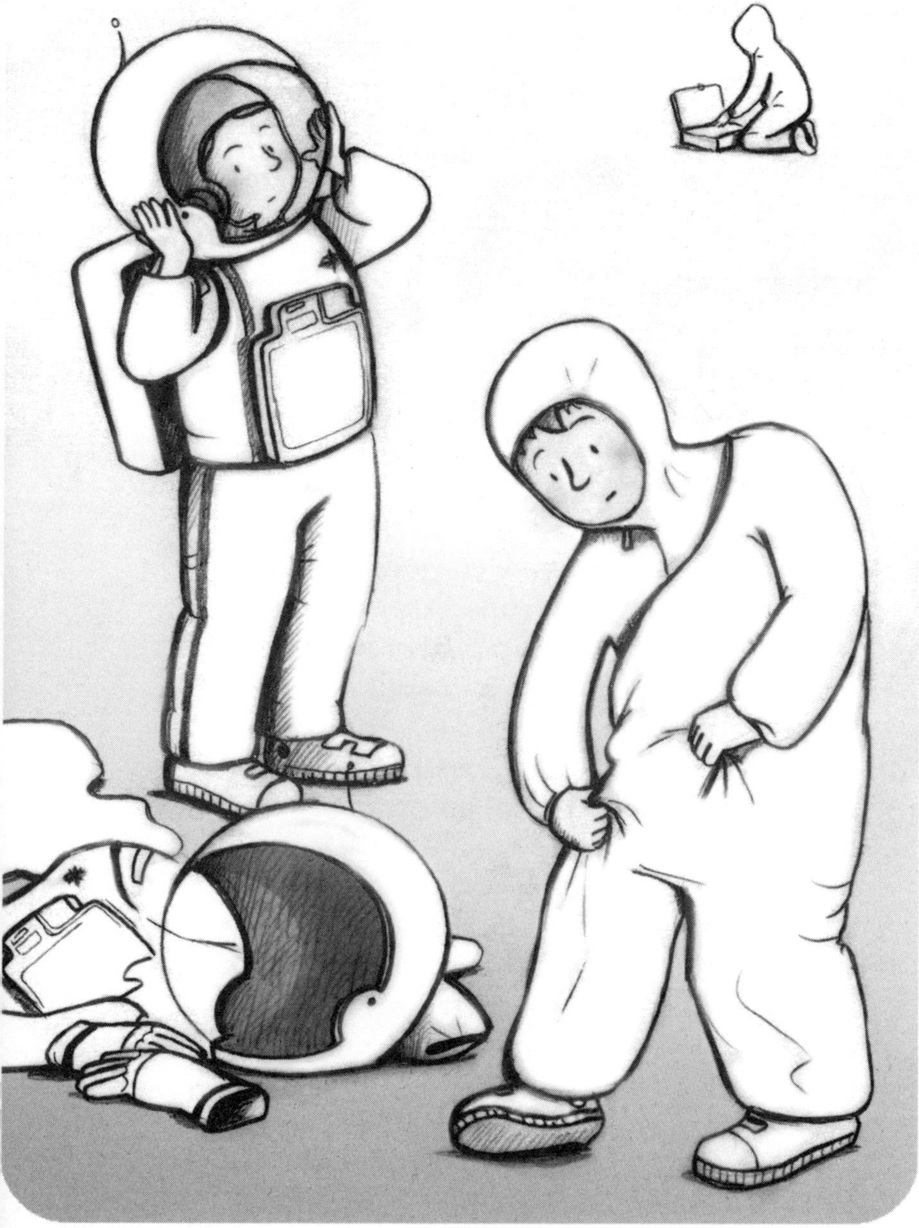

— Personne ne m'aime, personne ne me comprend, personne ne s'intéresse à moi.

Emmett baissa le son.

— Nous communiquons souvent avec Cosmos quand nous sommes là-haut, le prévint Annie. Nous sommes déjà restés coincés dans l'espace. Une seule fois me suffit ! Tu sauras le gérer ?

Emmett monta le son.

— Fais ci, fais ça, j'en ai marre qu'on me donne des ordres, se lamenta Cosmos. J'ai besoin de m'exprimer, moi !

— Cosmos, intervint Annie. Je connais un moyen de t'exprimer !

— Laisse-moi parier : tu veux que je t'ouvre une porte sur l'espace, marmonna Cosmos, morose.

— Exact, le félicita Georges. Mais tu sais quoi ? Nous n'avons pas vraiment le droit d'aller sur Mars. Tu n'imagines même pas les ennuis qu'on aurait si on se faisait prendre.

— Cool ! s'exclama Cosmos, un peu plus enthousiaste. Défier l'autorité, ça c'est chanmé !

— Euh, oui, bon... bredouilla Georges. Tu nous aides alors ? On a besoin que tu veilles sur nous quand nous serons sur Mars. Et toi aussi, Emmett. En cas d'urgence, tu dois nous ramener ici immédiatement, O.K. ?

— Mais si vous me contactez, il y aura un sacré délai ! remarqua Emmett. Il faut quatre minutes et vingt secondes à la lumière pour venir de Mars. Si la planète rouge se trouve de l'autre côté du Soleil, il lui faut vingt-deux minutes. Le temps que votre appel me parvienne et que je réponde, il se sera écoulé huit minutes et quarante secondes supplémentaires ou bien quarante-quatre minutes. Ce sera peut-être trop tard…

— Non, Cosmos dispose d'une messagerie instantanée, rétorqua Annie. Tu nous entendras et nous répondras tout de suite.

— Waouh ! Voilà une application spéciale de la physique ! s'exclama Emmett, impressionné.

— À moins que Cosmos ne se dégonfle... ajouta Annie.

— Je suis avec vous à 200 %, affirma Cosmos.

Un rai lumineux jaillit de l'écran. Au milieu de la salle blanche, une forme rectangulaire émergea.

La porte s'ouvrit. Derrière elle, les enfants aperçurent la planète rouge. Il y avait une grande tache sombre au milieu, à gauche.

— Mars en approche, déclara Emmett tandis que la planète avançait, entourée d'étoiles étincelantes dans le ciel noir. Vous voyez ce point sombre ? C'est Syrtis Major, une grande plaine volcanique balayée par les vents. Elle est si étendue que les scientifiques connaissaient déjà son existence dans les années 1600, grâce au premier télescope. Sa calotte polaire sud est large et visible, à cette époque de l'année. En bas, au centre, il s'agit du bassin d'Hellas, le plus grand cratère d'impact de la planète, dû à un astéroïde ou à une comète. Il mesure 2 200 kilomètres. Ces quatre points que vous apercevez dans la zone équatoriale ? Ce sont des nuages de cristaux de glace qui évoluent au-dessus des quatre plus grands volcans du dôme de Tharsis.

— Où as-tu appris tout cela ? demanda Georges, dont la voix était déformée par le transmetteur de son casque.

— En vérité, je lis ces infos sur l'écran de Cosmos, admit Emmett, penaud. Il me donne un compte rendu de la situation sur Mars, au cas où ce serait trop dangereux de vous y rendre. Au passage, il nous communique quelques conseils touristiques. Il est écrit que les visiteurs doivent se souvenir que les conditions gravitationnelles martiennes sont quelque peu différentes de celles auxquelles ils sont habitués. Vous pèserez la

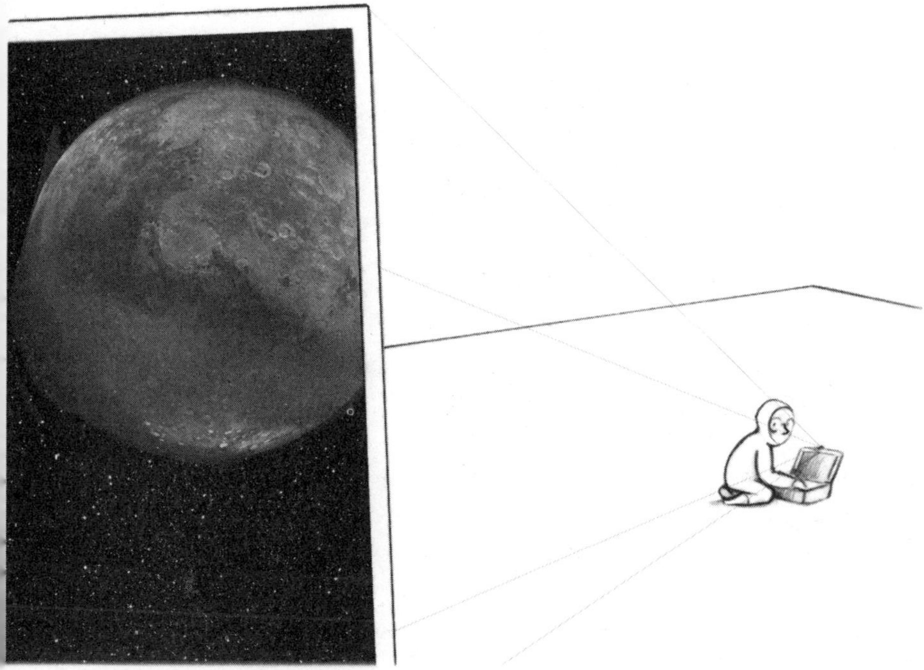

moitié de votre poids sur Terre, alors attendez-vous à bondir !

— Quel temps fait-il, là-bas ? l'interrogea Annie au travers de son transmetteur.

Elle paraissait un peu nerveuse.

— Voyons cela… La météo du jour pour la région polaire nord de Mars : « Aujourd'hui le temps sera dégagé, et les températures moyennes avoisineront les moins soixante degrés Celsius. Risque minime de tempête de glace. Cependant, des tempêtes de poussière pourraient naître dans la zone centrale et déferler sur la planète. » Je ferais mieux de garder un œil là-dessus. Cosmos dit que les tempêtes de poussière sont assez fréquentes à cette époque de l'année et qu'elles se propagent très vite.

La porte s'approchait de plus en plus de Mars. Elle transperça la fine atmosphère et se dirigea droit vers la surface rocheuse.

Vêtus de leurs grosses combinaisons, Georges et Annie se tenaient sur le seuil, main dans la main, réservoir à oxygène branché et appareil de transmission allumé. Tandis qu'ils flottaient à quelques mètres du sol, Annie déclara :

— Tu es prêt ? Cinq, quatre, trois, deux, un... On saute !

Ils disparurent par la porte et se retrouvèrent sur Mars – une planète sur laquelle aucun être humain n'avait posé le pied avant eux.

Emmett les regarda se volatiliser. Quelques grains de poussière rouge martienne flottèrent à travers la porte avant qu'elle se referme dans un claquement.

Il essaya de capturer un peu de poussière qui volait dans l'air quasiment pur, mais les nombreux filtres de la salle blanche se dépêchèrent d'avaler ces horribles particules polluantes. Comme Annie et Georges, la poussière martienne disparut complètement, laissant Emmett seul avec Cosmos au milieu de l'immense salle. Il regarda autour de lui, puis il s'intéressa de plus près au *Petit Guide de l'Univers.*

Il chercha la planète rouge dans l'index et se rendit à la page indiquée.

La vie vient-elle de Mars ? lut-il.

LA VIE VIENT-ELLE DE MARS ?

Où et quand la vie telle que nous la connaissons a-t-elle commencé ? Est-elle née sur Terre ? Vient-elle de Mars ?

Il y a deux cents ans, la plupart des gens pensaient que les hommes et les autres espèces étaient présents sur la Terre depuis sa création. Pour l'essentiel, la Terre comprenait tout le monde matériel et la création était décrite comme un événement plutôt soudain : pour les uns le Big Bang, théorie en laquelle croit la majorité des scientifiques actuels, pour les autres la Genèse, le premier livre de la Bible, et pour d'autres cultures à travers le monde des histoires transmises de génération en génération.

Même si certains astronomes envisageaient l'existence d'un espace vaste, son étude n'a réellement débuté qu'après l'invention du télescope par Galilée (1564-1642). Ses découvertes ont montré que l'Univers contenait plusieurs mondes, dont certains pouvaient, comme notre planète, être habités. L'immensité de l'Univers et la preuve que sa création a eu lieu bien avant l'arrivée sur scène des êtres vivants n'ont commencé à être reconnues que beaucoup plus tard, au siècle des Lumières. Au XVIIIe siècle, les inventions ont surabondé, tels le ballon à hydrogène, le moteur à vapeur… Ces inventions ont mis en route la révolution industrielle et technologique du XIXe siècle. Pendant cette période novatrice, l'étude de la formation des roches par sédimentation dans les mers peu profondes a permis aux géologues de comprendre que de tels processus se déroulaient depuis des milliers de millions d'années (soit des giga-années).

Les géophysiciens modernes affirment que notre planète Terre et notre Système solaire se sont formés il y a environ 4,6 giga-années, quand l'Univers (aujourd'hui âgé de 14 giga-années environ) n'avait que 9 giga-années.

L'homme moderne semble être parti d'Afrique et avoir peuplé le reste du monde il y a 50 000 ans, mais l'archéologie moderne montre très clairement que les premières sociétés humaines ont commencé à développer ce que nous appelons des civilisations – des systèmes économiques échangeant différentes sortes de biens – il y a 6 000 ans seulement. Dans toute civilisation, un des facteurs importants est dans l'échange non seulement de denrées mais aussi d'information. Comment cette dernière a-t-elle pu être conservée et transmise ? Des mécanismes adéquats d'enregistrement ont dû être créés à cet effet.

Avant l'invention du papier et de l'encre, l'une des premières méthodes consistait à graver des marques sur des tablettes en argile – l'ancêtre lointain de nos puces électroniques. Le partage et la collecte de connaissances (scientifiques en particulier) sont devenus un objectif à part entière.

Le développement (relativement récent) de la civilisation dépend bien entendu de l'émergence de ce qu'on appelle la « vie intelligente », c'est-à-dire des êtres ayant une conscience d'eux-mêmes suffisante pour se reconnaître dans un miroir. Il existe plusieurs exemples célèbres sur notre planète : les éléphants, les dauphins et bien sûr les anthropoïdes, ce groupe qui inclut les chimpanzés et d'autres singes, les hommes de Neandertal et les êtres humains modernes comme nous. Pour l'instant, aucun signe de vie intelligente n'a été détecté autre part dans l'Univers.

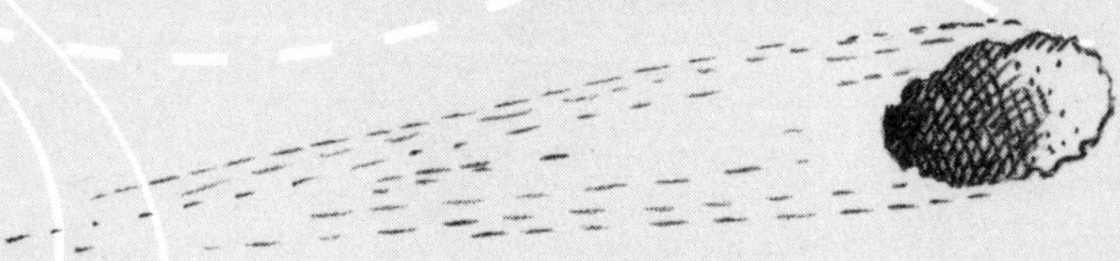

Comment ces formes de vie intelligente sont-elles apparues sur Terre ? Des restes de fossiles suggéraient l'idée que les plantes et les animaux actuels pourraient résulter d'autres formes de vie présentes sur Terre à une époque reculée, mais les gens ne comprenaient pas comment les diverses espèces pouvaient être si bien adaptées si elles n'avaient pas été conçues à l'avance. L'idée d'une évolution continuelle n'a été largement acceptée qu'après Darwin. En 1859, le naturiste britannique a expliqué le principe d'adaptation par « sélection naturelle ». Mais une parfaite compréhension de sa thèse n'est devenue possible que très récemment, à la fin des années 1950, quand Watson et Crick ont découvert l'ADN.

La connaissance du processus de l'évolution basée sur l'ADN est étayée par l'archive fossile – dans certaines limites. Seul problème, elle ne remonte pas très loin, à moins de 1 giga-année, ce qui ne représente qu'une fraction de l'âge total de la Terre.

Des formes simples de vie se sont développées avant le cambrien. Aujourd'hui, nous voyons assez clairement comment (sans savoir avec précision pourquoi) des formes de vie intelligente ont évolué à partir d'elles ces 500 derniers millions d'années. Seulement il n'y a pas d'archives à proprement parler sur la manière dont les formes de vie précambrienne ont évolué au départ.

En effet, la présence d'animaux osseux, qui se transforment facilement en fossiles, n'a été constatée qu'à partir du cambrien. Leurs prédécesseurs de grande taille devaient être des créatures à corps souple (à l'image de nos méduses) et, auparavant, les seules formes de vie consistaient en de microscopiques créatures unicellulaires ne laissant pas d'archive fossile exploitable.

Quand on remonte encore dans le temps, on comprend que l'évolution s'est produite très lentement… et non sans encombre. Même si les planètes à l'environnement favorable étaient assez fréquentes dans l'Univers, les chances d'évolution d'une vie avancée sur une planète donnée étaient très minces, voire nulles. La Terre fait partie des rares exceptions. Et ce n'était pas gagné d'avance. Des astrophysiciens ont effectué un calcul appelé la « coïncidence de l'ère solaire ». Il montre que, dans le laps de temps qu'il a fallu à l'évolution sur Terre pour aboutir à une forme de vie intelligente, une grande partie des réserves de combustible à base d'hydrogène qui alimentent notre Soleil était épuisée. Dans une coquille de noix, si notre évolution avait été un peu plus lente, nous n'aurions jamais vu le jour avant la mort du Soleil.

Quelles étapes essentielles ont été les plus difficiles à franchir lors de notre évolution ?

La première a dû survenir au début de ce que nous nommons la « vie eucaryote », où les cellules ont une structure élaborée avec un noyau atomique et des ribosomes. Les eucaryotes comprennent les grands animaux multicellulaires comme nous, mais aussi les espèces unicellulaires comme les amibes. L'archive fossile montre que la première vie eucaryote est apparue sur Terre au début du protérozoïque, il y a environ 2 giga-années, quand la Terre n'avait que la moitié de son âge actuel. Avant cet éon (très longue période), des formes de vie procaryotes plus primitives, comme les bactéries (dont les cellules sont trop petites pour contenir un noyau), devaient être répandues. Cela se déroulait pendant l'archéen, qui a commencé quand la Terre avait moins de 1 giga-année.

Étant donné qu'il existe des preuves de l'existence de ce type de vie primitive au tout début de cet éon, nous sommes face à une énigme impliquant que tout ce processus qui est à l'origine de la vie a dû survenir durant la période précédente, soit l'hadéen, le premier éon de l'histoire terrestre !

Pourquoi serait-ce un problème ? Eh bien... l'hadéen a duré très longtemps – quasiment 1 giga-année – mais les conditions sur Terre à cette époque devaient être littéralement infernales, comme son nom le suggère (dans la Grèce antique, Hadès était le dieu des Enfers). Des débris consécutifs à la formation du Système solaire s'écrasaient sur la Lune où ils creusaient des cratères. Et la Terre, dont la masse et l'attraction gravitationnelle sont plus grandes, devait être sujette à de très violentes pluies de débris. Ce bombardement constant a dû provoquer de fréquents réchauffements de notre environnement planétaire. Des formes de vie naissantes ne pouvaient donc pas survivre dans des conditions si peu propices.

En revanche, la planète Mars a une masse plus légère et elle est plus éloignée du Soleil. Par conséquent, on a récemment suggéré que le bombardement de Mars a cessé plus tôt que celui de la Terre. Des morceaux de débris ont également dû être éjectés de Mars et, dans certains cas, happés par la Terre.

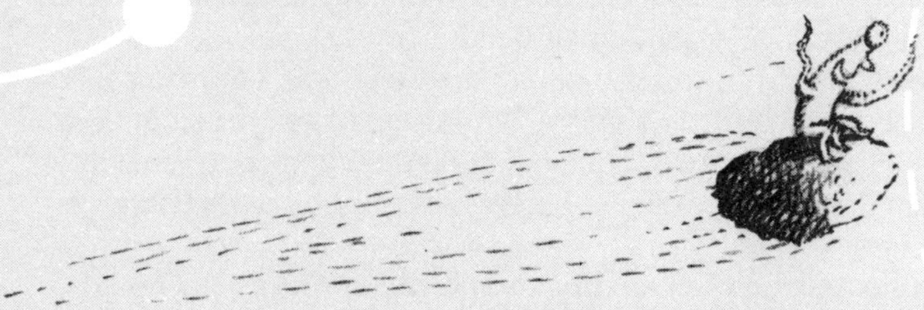

Cette théorie impliquerait que la vie est originaire de Mars, mais n'a pas pu y survivre.

Des analyses au microscope électronique d'une météorite qui a voyagé entre Mars et la Terre (ALH8400) ont montré des structures ressemblant à des microbes fossiles. Cela prouve que des organismes fossiles venus de Mars ont peut-être atteint la Terre mais n'explique pas que la vie soit apparue ici, à moins que des organismes vivants (et non fossiles) aient survécu à la migration nécessaire *via* un météore. Voilà une question qui suscite régulièrement des débats passionnés.

Question encore plus intéressante : l'environnement sur Mars à cette période (le phyllosien, qui coïncide à peu près avec l'hadéen sur Terre) était-il susceptible d'accueillir une vie primitive ?

Les conditions actuelles sur Mars sont clairement défavorables, du moins à sa surface (un désert froid et sec sans atmosphère mis à part un peu de dioxyde de carbone). Les sondes qui s'y sont posées ont néanmoins confirmé qu'il existe une quantité considérable d'eau glacée au niveau des pôles, ainsi que de nombreuses caractéristiques observables d'une érosion provoquée par des rivières ou des vagues déferlant sur une plage. À une certaine époque dans le passé martien, il y aurait donc eu une grande quantité d'eau liquide, l'élément idéal pour l'émergence de notre forme de vie. Pendant cette période primitive, l'eau devait former un océan de plusieurs milliers de mètres de profondeur, dont le centre devait se trouver vers le pôle Nord de Mars.

Ainsi, la vie serait apparue au bord de cet océan, il y a très longtemps dans l'histoire martienne.

Deux objections s'élèvent contre cette théorie. Premièrement, l'atmosphère ne contenait pas d'oxygène. Cependant, on pense que les formes de vie primitive sur Terre ont été capables de survivre dans une atmosphère qui était également très insuffisante en oxygène. Cet argument ne tiendrait donc pas.

Deuxièmement, l'ancien océan martien aurait été trop salé pour abriter des formes de vie terrestres. Mais qui sait si la vie martienne n'était pas, à l'origine, adaptée à des conditions très salines ? À moins qu'elle ne se soit développée dans des lacs d'eau douce ?

La vie a donc très bien pu commencer sur Mars, au bord d'un immense océan, puis être prise en stop par un météore qui l'aurait déposée sur Terre. Nos ancêtres ultimes seraient donc… martiens ?!

Brandon

Chapitre 9

Tandis qu'Annie et lui sautaient par la porte, Georges se tordit le cou pour jeter un coup d'œil derrière lui. Pendant un millième de seconde, il vit la salle blanche sur la planète Terre et le visage anxieux d'Emmett. Puis le portail se ferma et disparut totalement, ne laissant aucune trace dans le ciel martien poussiéreux où il s'était matérialisé.

Propulsés par la force de leur bond, Georges et Annie voyagèrent sur plusieurs mètres dans l'atmosphère martienne sans se poser. La main cramponnée à celle de l'autre, ils ne furent heureusement pas séparés. Georges finit par toucher le sol de cette étrange planète déserte, mais l'impact de ses pieds sur la surface les projeta loin en l'air.

— Où sont les montagnes ? demanda-t-il à Annie au travers du transmetteur quand ils réussirent à se poser.

Vite, ils se lâchèrent la main. Ils avaient atterri sur une grande plaine rouge, couverte de gravats. Tout autour, ils ne voyaient rien d'autre que des roches rouges éparpillées à perte de vue sur une planète désertique. Dans le ciel, le Soleil – la même étoile qui brillait avec tant d'ardeur sur Terre – leur parut petit et froid, et sa lumière et sa chaleur leur semblèrent distantes. À cause

de la poussière rouge qui flottait, la lumière se teintait de rose, mais pas de cette belle couleur qui apparaissait à l'aube, sur Terre. En vérité, cette luminosité extra-terrestre et peu accueillante déplut aux deux premiers humains à poser les pieds sur Mars.

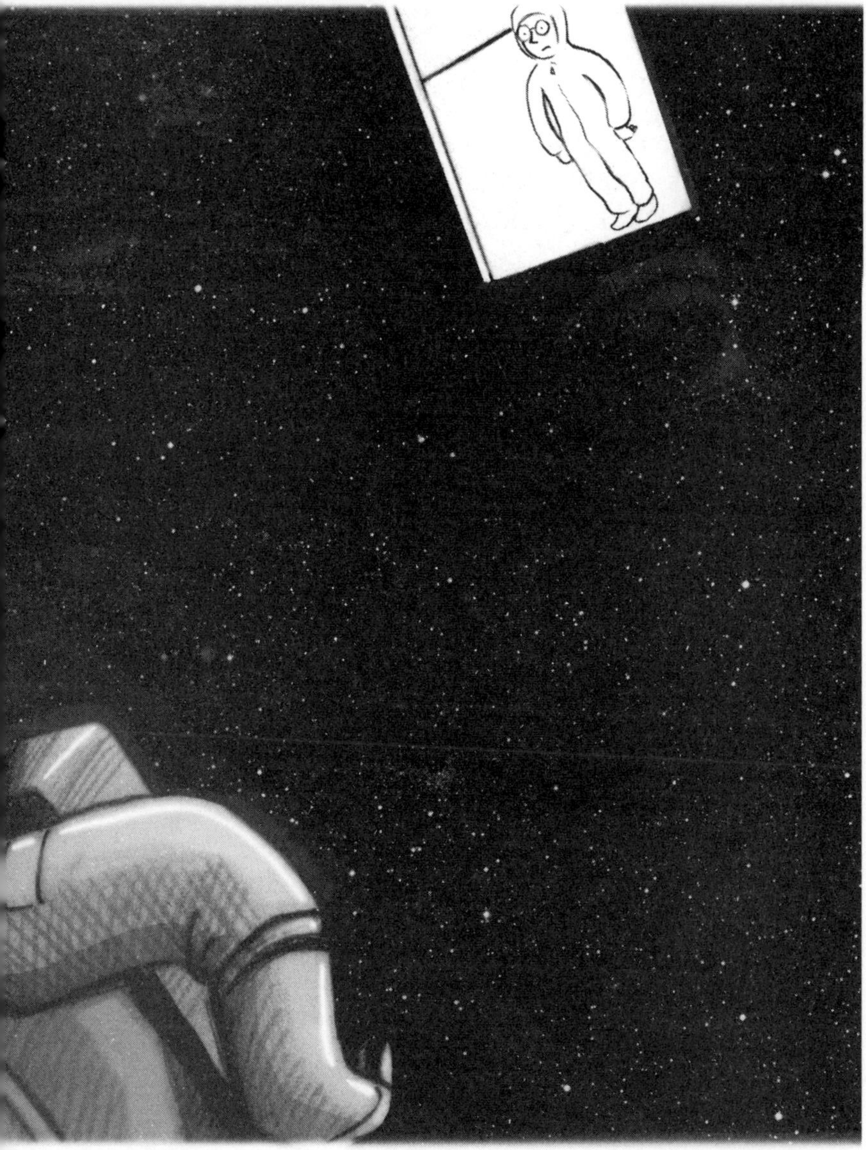

— Pas de montagnes ici, déclara Annie. Nous sommes au pôle Nord de Mars. Les volcans et les vallées se situent au milieu de la planète.

— Nous avons combien de temps avant le crépuscule ? s'enquit Georges.

Il venait de réaliser qu'ils ne verraient absolument rien une fois que le Soleil serait couché. Le néant absolu de cette planète lui donnait la chair de poule, et il n'avait pas du tout l'intention de traîner ici à la nuit tombée.

— Un bon bout de temps ! Le soleil ne se couche pas au pôle Nord, en été, expliqua Annie. Mais nous serons partis avant, je n'aime pas cet endroit.

Alors que sa combinaison la protégeait des conditions extrêmes sur Mars, elle frissonnait.

Finalement, ce n'était pas drôle d'être aussi seul. Une planète avec des gens, des maisons, du mouvement, du bruit et de la vie manquait à Annie comme à Georges. Même si, parfois, ils auraient adoré vivre sur un astre où on les laisserait tranquilles, où personne ne leur donnerait des ordres, la réalité se révélait bien différente. Sur une planète vide, il n'y avait rien à faire et personne avec qui s'amuser. Ils rêvaient peut-être de devenir les maîtres de leur propre monde, mais à bien y réfléchir, Georges et Annie regrettaient leur maison.

Georges s'amusa à bondir, histoire de voir à quelle hauteur il pouvait aller. Il s'éleva de quelques mètres et atterrit, une seconde plus tard, non loin de l'endroit où se tenait Annie.

— Génial ! s'exclama-t-il.

Ensemble, ils s'éloignèrent de la surface martienne, mais, dès qu'ils se posaient, ils rebondissaient de nouveau.

— Ne laissons pas trop d'empreintes, lui recommanda Annie tout en désignant les traces que Georges avait imprimées sur le sol. Ou bien les scientifiques les verront quand *Mars Orbiter* passera au-dessus d'ici et prendra des photos. Ils penseront détenir la preuve de l'existence de vrais Martiens !

— Homer est là-bas ! s'écria George en pointant du doigt une petite silhouette solitaire au loin.

À présent séparés, ils se rapprochèrent en quelques bonds.

— Mais qu'est-ce qu'il fabrique ? ajouta Georges, médusé.

Le robot paraissait très occupé. Il zigzaguait, lançait des morceaux de roche en l'air.

— C'est ce que nous sommes venus découvrir, répondit Annie. Je vais appeler Emmett. Emmett ! lâcha-t-elle dans son transmetteur vocal. Emmett ? Mince ! Il ne répond pas.

Ils firent quelques longs pas en direction de Homer, qui roulait de manière mystérieuse mais déterminée.

— Baisse-toi ! lui recommanda Annie. Sinon, la caméra de Homer nous prendra en photo et mon père nous apercevra sur Mars. Ce serait une catastrophe !

— Il ne nous verra pas avant quelques minutes, répliqua Georges. Pas avant que le signal atteigne la

Terre. Donc, même si Homer nous immortalise, nous aurons le temps de nous en aller.

— Ouais ! Tu risques quoi, toi ? Si mon père nous surprend, il te renverra direct en Angleterre, mais moi, je suis coincée ici. Enfin, pas ici, ici... sur Terre, avec des parents fous de rage qui me donneront les pires punitions.

— Par exemple ?

— Oh ! Je ne sais pas. Je serai privée de foot, j'aurai des dizaines d'exercices de maths en plus, je devrai laver les combinaisons spatiales, je n'aurai plus jamais jamais jamais d'argent de poche de ma vie. Honnêtement, la planète Terre me paraîtra trop petite.

— On doit parler à voix basse ? Homer peut nous entendre ? s'enquit Georges.

— Hum... Je ne pense pas. Mars n'a pas l'atmosphère qu'il faut pour que les bruits voyagent. Je ne crois pas qu'il enregistre des sons, uniquement des images.

Elle se tut une seconde puis hurla dans le transmetteur :

— PAR CONTRE J'AIMERAIS QU'EMMETT NOUS ENTENDE, LUI !

— Eh ! Oh ! Ça va pas, la tête ? répliqua Georges, dont le casque manqua d'exploser à cause des cris d'Annie.

— Qui ? Quoi ? Hein ? Où ? fit enfin la voix du garçon resté sur Terre.

— Emmett ! Triple idiot ! s'emporta Annie. Pourquoi tu ne répondais pas ?

— Désolé... Je... lisais... quelque chose. Vous allez bien ?

— Oui, mais ce n'est pas grâce à toi, contrôleur au sol. Nous nous sommes posés sur Mars et nous approchons de Homer. As-tu des informations à nous communiquer ?

— Je vérifie, murmura Emmett. Et je reviens vers vous.

— Dis, je peux sauter encore ? demanda Georges.

Amusé par la microgravité sur Mars, il mourait d'envie de bondir de plus en plus haut.

— Je pourrais voir ce que fait Homer comme ça, ajouta-t-il.

Sa combinaison blanche se couvrait de poussière martienne rouge foncé.

— Non ! Tu risques de t'écraser sur lui. Tu peux t'élever deux fois et demie plus haut sur Mars que sur Terre, mais il faut rester prudent. Nous devons nous approcher de Homer par le côté pour qu'il ne nous repère pas.

Ils firent quelques pas de géant bizarres. Le robot ne bougeait plus maintenant, comme s'il avait besoin de repos.

— Il ne gigote plus ! Approchons-nous de lui discrètement, décida Annie.

Ce n'était pas facile d'avancer sur la pointe des pieds avec leurs lourdes bottes, mais ils firent de leur mieux pour s'approcher du robot sans qu'il les remarque. Celui-ci avait les jambes fermement ancrées sur le sol martien. Les panneaux solaires, qui lui permettaient de collecter les radiations du Soleil et de les transformer en énergie, étaient poussiéreux. Il était muni de roues épaisses en caoutchouc et d'une caméra aux yeux étin-

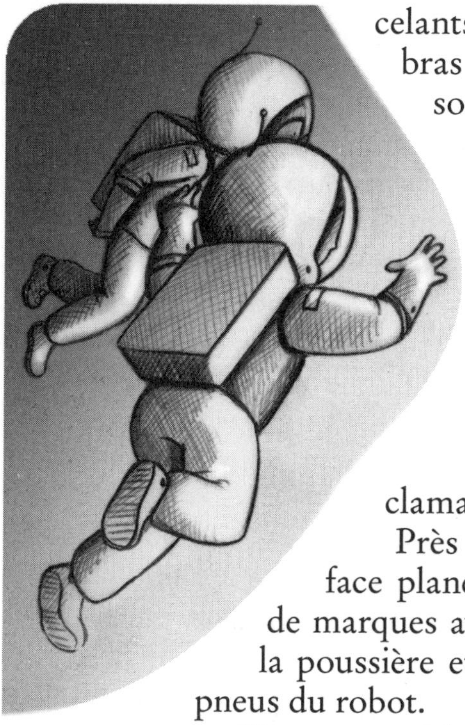

celants et globuleux, ses longs bras articulés pendant sur son flanc.

Arrivés plus près, Annie et Georges remarquèrent autre chose, un détail qu'ils n'avaient pas vu sur les clichés de Mars que Homer avait envoyés.

— Là ! Regarde ! s'exclama Annie.

Près de Homer, sur la surface plane martienne, une série de marques avaient été tracées dans la poussière et les gravillons par les pneus du robot.

— Un message ! hurla Georges, oubliant qu'il ne fallait pas crier dans le transmetteur vocal. Identique à celui que Cosmos a reçu ! Quelqu'un nous a laissé un message sur Mars !

Annie lui donna un coup de botte spatiale.

— Moins fort ! chuchota-t-elle.

Au même moment leur parvint la voix excitée d'Emmett depuis la Terre.

— Un message ? Sur Mars ? Qu'est-ce qu'il dit ?

— On travaille dessus, déclara Annie. Et si Homer n'avait pas de problème de comportement ? Et s'il gesticulait pour nous écrire ?

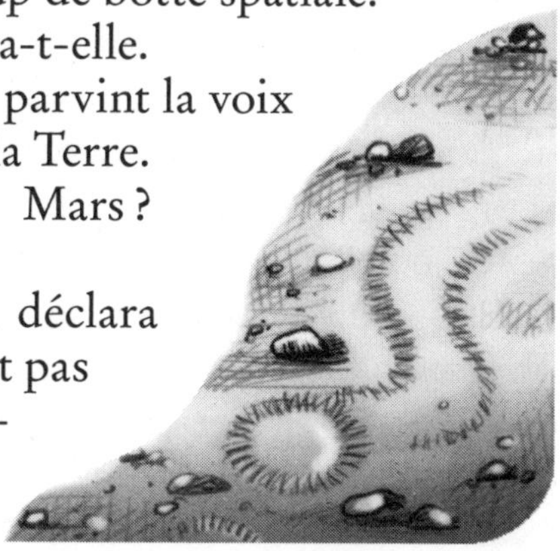

En un bond précis, ils se posèrent près des gribouillages que Homer avait dessinés dans la poussière.

— Il va nous falloir un moment avant de tout lire, dit Georges.

Annie et lui bondirent à plusieurs reprises au-dessus du message afin de le déchiffrer.

— Décrivez-moi les marques, demanda Emmett sur un ton pressé. Des données que je pourrais entrer dans Cosmos…

Par chance, Georges et Annie volaient à cet instant au-dessus des gribouillis.

— Euh… Eh bien… commença Georges. Il y a un cercle entouré d'autres cercles.

— Une planète avec des anneaux, suggéra Annie. Saturne peut-être. Et toutes ces pierres alignées, ça pourrait être le Système solaire, comme dans l'autre message…

— Plus loin, on voit une autre planète avec des anneaux, mais elle est entourée de petits morceaux de roche.

— Les lunes de Saturne ? proposa Emmett. Vous croyez qu'on veut vous envoyer là-bas ? Je suis en train d'entrer les informations dans Cosmos, histoire de voir s'il peut nous donner un autre indice. Combien de pierres comptez-vous ? Parce que Saturne a pas mal de satellites, une soixantaine environ. Mais seulement sept ronds.

Le vent, une simple brise jusqu'à présent, se mit à souffler un peu plus fort, soulevant de la poussière rocheuse qui tourbillonnait autour de Georges et d'Annie.

— Oh non ! Sérieuse alerte météo, lut Emmett sur l'écran de Cosmos. Rafales de vent venant du sud. Évacuation des lieux potentielle.

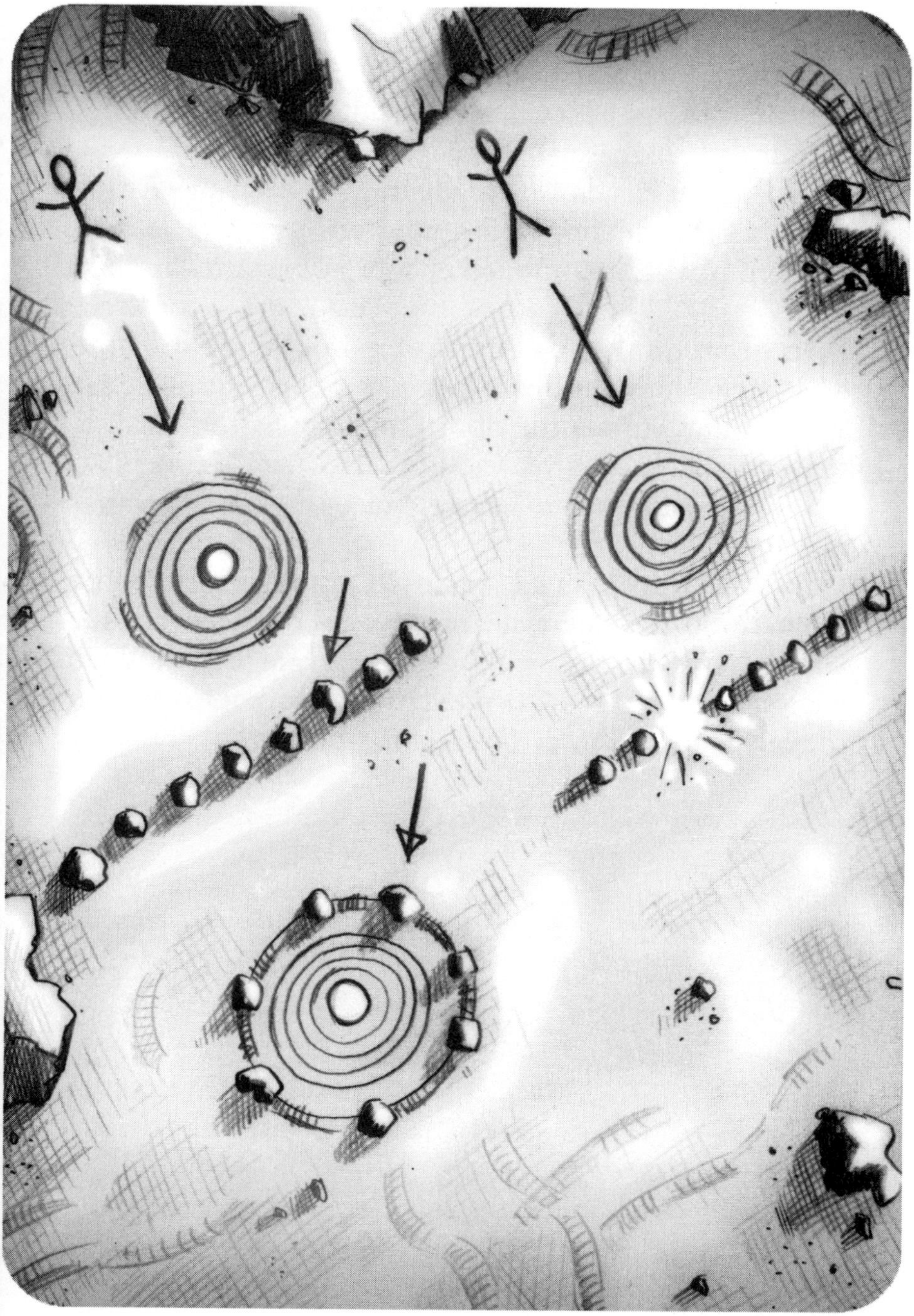

— Nous avons besoin de plus de temps, réclama Georges. Nous ne connaissons pas encore la signification du message ! Nous essayons de compter les lunes autour de la planète aux anneaux.

— En tout cas, la fin est identique, remarqua Annie dont le sang s'était glacé quand elle avait vu le dernier croquis. Elle annonce encore la disparition de la Terre.

Ils firent un nouveau bond et se posèrent pile à côté de Homer. Déséquilibrée par une bourrasque, Annie agrippa une jambe du robot pour ne pas tomber à la renverse. De l'autre main, elle s'accrocha à Georges.

La voix paniquée d'Emmett résonna dans le transmetteur.

— Vous n'avez plus le temps ! Cosmos a repéré une tempête de poussière géante qui se dirige droit sur vous ! Nous devons vous évacuer avant qu'elle vous engloutisse. D'après Cosmos, il sera incapable de vous retrouver au milieu de l'ouragan. Oh…

— Emmett, que se passe-t-il ?

Annie et Georges apercevaient de gros nuages au loin qui roulaient sur le sol désertique.

— Cosmos est bloqué ! avoua Emmett, désespéré. Il est écrit sur son écran : *Portail de retour indisponible, le temps d'une mise à jour urgente.* Tant qu'il n'aura pas terminé sa mise à jour, il ne peut pas vous ramener ! Par contre, il peut vous envoyer plus loin.

— Emmett, sors-nous d'ici ! hurla Annie, qui se moquait de faire trop de bruit à présent. Expédie-nous quelque part ! N'importe où ! Loin de cet ouragan. Je ne tiendrai pas très longtemps !

Le vent soulevait des tourbillons de poussière autour d'eux. Les panneaux solaires de Homer ne brillaient plus du tout. Georges et Annie s'entrevoyaient à peine entre deux rafales. Annie était toujours accrochée à la jambe de Homer, tandis que Georges, giflé par les bourrasques, flottait derrière elle. Il serrait fort le bras de son amie, mais tous deux savaient que, d'une seconde à l'autre, ils seraient emportés dans des directions différentes et se perdraient à jamais sur Mars.

— Les lunes de Saturne ! cria Georges. Si tu ne peux pas nous ramener sur Terre, envoie-nous là-bas, vers le prochain indice !

Au travers du nuage sablonneux qui grossissait à vue d'œil, ils entraperçurent une porte à leur droite. Quand elle lui parut solide, Georges lâcha une main et s'empara de l'encadrement. Toujours accroché à Annie, il plaqua les pieds contre la porte et ordonna à Emmett de l'ouvrir.

— Annie, continua-t-il. Je compte jusqu'à trois et je te jette par la porte. Lâche Homer.

— Je ne peux pas ! hurla Annie plusieurs fois, pétrifiée par la peur de s'envoler si elle desserrait la main.

— Tu n'as pas le choix ! Je ne peux pas vous tirer, toi et Homer, au travers de la porte ! Je ne suis pas assez fort !

Tout à coup, la porte s'ouvrit. Un mystérieux tourbillon orange apparut.

— À trois, tu lâches ! lui ordonna Georges. Un, deux, trois !

Il eut beau tirer sur son bras, elle restait accrochée à Homer.

— Ferme les yeux et imagine la Terre. Je serai juste derrière toi, Annie. Je te suis. Essaie encore, tu peux y arriver. Un. Deux. TROIS !

Annie finit par céder et fut aussitôt aspirée par la porte. Georges se jeta à sa suite et culbuta la tête la première dans un autre monde dont il n'avait jamais rêvé auparavant.

La porte claqua derrière eux, tandis que le nuage de poussière engloutissait Mars, effaçait le message de Homer et les traces de pas de Georges et d'Annie, et recouvrait le petit robot d'une couche de poussière rougeâtre. Il ne resta plus que la minuscule lumière rouge de l'appareil photo de Homer, qui clignotait chaque fois qu'il prenait un cliché de la tempête martienne avant de l'envoyer à Éric, à des millions de kilomètres, sur notre bienveillante planète Terre.

Chapitre 10

Loin de l'Agence spatiale globale, mais très près en termes de distance spatiale, Rosemarie, la mère de Georges, contemplait le soleil qui s'élevait au-dessus de l'océan Pacifique. Le ciel se teintait de bleu tandis que les étoiles faiblissaient, et la brume effleurait les eaux cristallines. Rosemarie n'avait pas fermé l'œil de la nuit.

La veille, au crépuscule, elle avait aperçu Mercure et Vénus au-dessus de l'horizon, avant qu'ils disparaissent au lever de la Lune. Dans l'obscurité, un million d'étoiles étincelantes parsemaient le ciel. Parmi elles, Alpha et Bêta Centauri, des étoiles brillantes qui désignaient la Croix du Sud, la seule grande constellation visible dans l'hémisphère Sud. Allongée sur le sable, elle avait admiré la constellation de la Balance et celle du Scorpion, remarquable par sa superbe étoile Antarès.

Elle pensait à Georges en train d'assister au lancement de la navette spatiale et imaginait sa joie de voir enfin un vrai vaisseau décoller. Rosemarie était loin d'imaginer que Georges voyageait là-haut, dans le Système solaire, entre Mars et sa prochaine destination.

Heureusement que la pauvre Rosemarie ignorait tout de la chasse au trésor cosmique de son fils car au même moment, Daniel, le père de Georges, avait disparu. Voilà pourquoi Rosemarie attendait sur la plage. Daniel s'était rendu en bateau dans l'archipel de Tuvalu, un groupe d'îles paradisiaques au cœur du

Pacifique, léchées par une mer bleue et calme, et n'était pas revenu. Le sable était blanc, les palmiers ondulaient, d'énormes papillons et des oiseaux exotiques voletaient au-dessus de la végétation dense.

Loin de jouer les vacanciers, ils s'étaient joints à des amis écologistes qui avaient pour mission de répertorier les changements qui affectaient ces îles, îlots et atolls.

La mer, pourtant si chaude et si belle, montait et menaçait d'engloutir les îles les plus petites ainsi que toute trace de vie. Bientôt, les habitants perdraient leurs maisons au fur et à mesure que le niveau de la mer augmenterait. Ce phénomène était dû à la fonte des glaces dans l'Antarctique, au Groenland et des glaciers en haute montagne, mais aussi à l'élévation de la température de l'eau de mer : quand l'eau se réchauffe, elle prend plus de place, ce qui équivaut à plus d'eau et moins de terre. Certains atolls étaient si peu élevés que le moindre changement de niveau provoquait l'inondation des maisons et la disparition des plages. Souvent submergée, la route principale de la capitale était inutilisable une bonne partie de l'année.

Bien qu'ayant la possibilité de

quitter ces lieux merveilleux, les insulaires refusaient de tout perdre. Quant aux oiseaux, papillons et insectes qui vivaient là, ils n'avaient nulle part ailleurs où aller.

Les habitants du Pacifique avaient tenté de prévenir le reste du monde que leurs maisons n'existeraient plus dans quelques années si le réchauffement climatique continuait ainsi. Malgré de nombreuses conférences et manifestations d'importance, certains prétendaient qu'il s'agissait du cycle normal météorologique, qui provoquait de grandes tempêtes et d'immenses marées détruisant tout sur leur passage. D'autres étaient convaincus que c'était là le signe d'un événement plus inquiétant qu'on ne pouvait expliquer aussi facilement.

Dans un sens, le fait que les cinq atolls de Tuvalu s'enfoncent dans la mer n'était pas nouveau. Lors de sa traversée du Pacifique en 1835, le célèbre explorateur et naturaliste Charles Darwin avait expliqué comment les atolls, qui, vus du ciel, ressemblaient à des cercles de sable plats entourant un lagon, s'étaient formés. De nouvelles îles se créaient dans les eaux tropicales à cause de l'activité volcanique. Durant des millions d'années, les coraux (des organismes

qui vivent dans les eaux chaudes et peu profondes) s'étaient développés le long du littoral de ces nouvelles îles volcaniques, tandis qu'elles s'enfonçaient dans la mer. Au final, l'atoll disparaissait, mais les coraux continuaient de croître. Quand ils atteignaient la surface, ils formaient alors des récifs et des plages.

Ce processus avait dû prendre au moins trente millions d'années. Mais c'était les dix dernières années et les cinq à venir qui inquiétaient les habitants de Tuvalu.

Afin de consigner ces changements rapides et récents, le père de Georges et deux amis étaient partis explorer

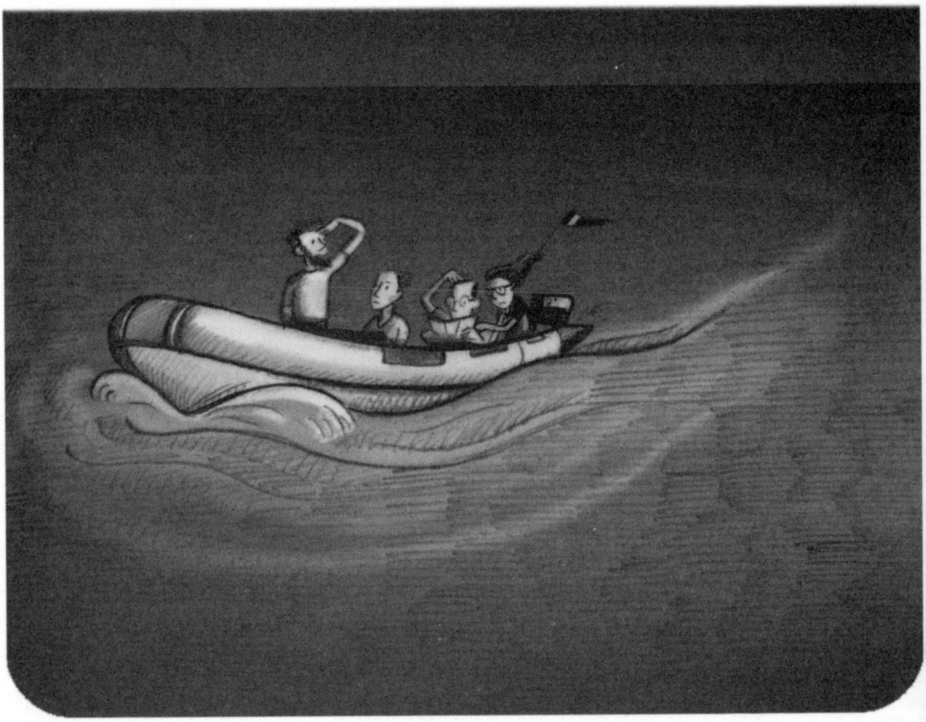

en bateau les îles éloignées de l'atoll principal. Seulement ils n'étaient pas revenus à l'heure prévue. Uniquement équipés de cartes (ils avaient refusé d'emporter un GPS ou un téléphone portable), ils comptaient s'aider des étoiles pour naviguer, comme cet autre explorateur, le capitaine Cook, qui avait traversé les mers du Sud au XVIIIe siècle afin d'observer le transit de Vénus entre la Terre et le Soleil.

Malheureusement pour Daniel, ils s'étaient perdus et ne retrouvaient plus le chemin de l'île où Rosemarie mourait d'inquiétude. Les autres écologistes avaient sillonné l'archipel sans succès. Le danger était réel: Daniel et ses amis épuiseraient vite leurs réserves d'eau potable et, la journée, un soleil éblouissant brillait au-dessus du Pacifique. Au milieu de cette longue nuit, Rosemarie avait téléphoné en Floride pour demander de l'aide…

Dans une autre région du Système solaire, tandis que Georges se propulsait par la porte qui séparait Mars d'un monde orange foncé tourbillonnant, il entendit Annie s'écrier:

— De l'eau noire!

Georges se posa près d'elle sur une pente apparemment gelée. Sur le point de perdre l'équilibre, il se rattrapa *in extremis* au chambranle de la porte. De son côté, Annie, que Georges avait poussée dans le vide, semblait voler au ralenti. Elle finit par se poser au bord d'un canal rempli d'un liquide sombre, qui se déversait dans un énorme lac noir. Pendant une seconde, Georges craignit qu'elle ne bascule dans la rivière noire. Par chance, elle eut le réflexe de plier les genoux et, dans un mouvement de bras, elle décolla puis atterrit avec grâce sur l'autre rive de la rivière impétueuse.

Georges demeurait accroché au chambranle qui miroitait dans la faible lumière, alors que la porte donnant sur Mars s'était refermée. Il testa le sol du bout

de sa botte. « De la glace solide », pensa-t-il. Il tenta d'en décrocher un morceau avec son talon mais le sol était aussi dur que du granit. Il fallait absolument qu'il trouve quelque chose à quoi s'accrocher quand le portail disparaîtrait... Il examina les alentours : derrière lui, les roches étaient trop loin pour qu'il les agrippe et, devant lui, la pente glacée menait directement à la mystérieuse rivière sombre.

— Quoi que tu décides, évite de tomber dans ce liquide bizarre ! lui conseilla Annie sur l'autre berge.

Au-dessus d'eux, le ciel était bas et lourd, zébré de nuages noirs et orange. La lumière faible donnait l'impression de provenir d'une étoile située à plusieurs millions de kilomètres. Et comme si cela ne suffisait pas, elle devait se battre avec l'épaisse couche de nuages avant d'éclairer la surface de ce monde étrange.

— Où sommes-nous ? demanda Georges.

— Je l'ignore, répondit Annie.

— On dirait la Terre avant l'apparition de la vie. Cosmos ne nous aurait pas envoyés dans le passé par erreur ? Et s'il nous avait transportés au commencement pour assouvir sa curiosité ?

Le vent soufflait doucement mais avec assez de force, néanmoins, pour malmener Georges, accroché à son portail.

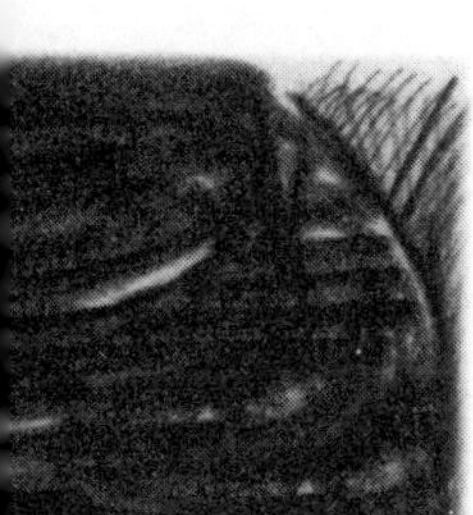

— Ici contrôle sol, résonna la voix d'Emmett dans son casque. C'est sérieux : Cosmos ne pourra pas maintenir la porte en place très longtemps. Il a besoin de fermer cette application, sinon il risque un dysfonctionnement.

— Annie, je fais quoi ? l'interrogea Georges, soudain terrifié à l'idée de basculer dans la rivière et d'être emporté vers le lac.

— Saute ! Comme moi.

Annie se tenait à présent sur une sorte de minuscule plage glacée, sur l'autre rive, en bordure du lac.

— C'est plat, ici. Tu pourras te poser en toute sécurité.

Au-delà de la petite plage, une falaise escarpée surplombait le mystérieux lac noir. Ses pics se dessinaient sur le ciel luisant et tigré, telle une rangée d'aiguilles géantes.

— Il y a trop d'applications ouvertes, déclara Cosmos. Le portail va se refermer automatiquement. Dans ce cas, cliquez sur la fenêtre pour envoyer le rapport d'erreur. Votre geste nous sera très utile.

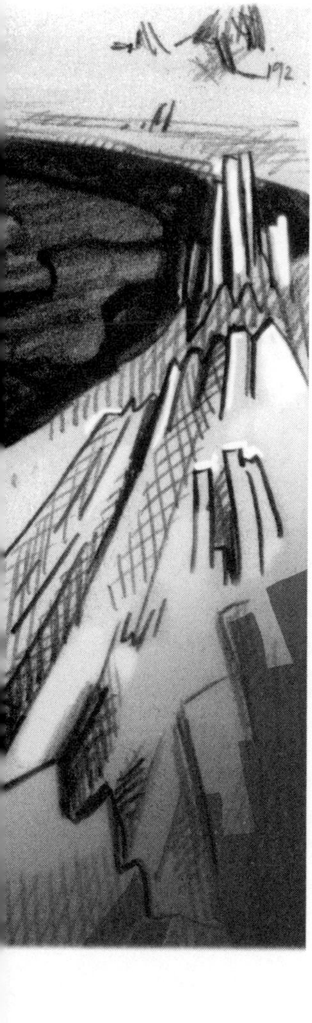

Quand le portail s'évapora, Georges et Annie se retrouvèrent seuls sur la planète mystérieuse. Aussitôt, Georges dévala la pente et, prenant exemple sur Annie, il donna un coup de talon qui l'expédia de l'autre côté de la rivière…

— Ce vent est drôlement costaud ! s'exclama Georges, qui détestait se déplacer ainsi au ralenti. On dirait qu'il essaie de me renverser ! Et pourtant il ne semble pas souffler très fort.

— L'atmosphère est peut-être plus épaisse que sur Terre, suggéra Annie. Cela expliquerait cette impression d'avancer dans de la soupe. Comme il n'y a pas beaucoup de gravité, nous ne tombons pas très vite. Oh ! Qu'est-ce que c'est ?

Les nuages s'étaient écartés pour laisser apparaître un monde extraordinaire. De l'autre côté du lac se dressait une immense montagne creuse.

— Ouah ! On dirait un volcan éteint ! fit Georges.

Soudain, le cratère au sommet cracha de grosses gouttes bleutées.

— Éteint ? s'écria Annie.

Le liquide retombait lentement à travers l'atmosphère, avant de ramper et de serpenter le long des pentes volcaniques, tels de gros vers de terre gluants.

— C'est dégoûtant ! s'exclama Annie. Qu'est-ce que c'est ? Et où sommes-nous ? Sur quelle planète avons-nous atterri ?

— Vous ne vous trouvez pas sur une planète, intervint enfin Emmett. Mais sur Titan, la plus grande lune de Saturne. Vous êtes à environ 1,5 milliard de kilomètres de la Terre, près d'un cryovolcan, Ganesa Macula, qui est actuellement en éruption.

— Est-ce dangereux ? s'enquit Georges.

Une étrange lave épaisse s'écoulait le long de canaux sculptés dans le paysage rocheux.

— Difficile à dire, répliqua Emmett sur un ton joyeux. Étant donné qu'aucune forme de vie connue ne s'est jamais posée sur Titan avant vous.

— Très drôle, Emmett, grommela Georges.

— Les cryovolcans crachent de l'eau glacée mélangée à de l'ammoniaque. Cela signifie qu'elle peut descendre à –100 °C sans geler. En tout cas, ça ne doit pas sentir très bon, mais vous vous en fichez, vu que vous portez vos combinaisons.

— Emmett, il y a des lacs autour de nous. Et des rivières ! remarqua Annie. Mais ils sont bizarres et sombres, et ce n'est pas de l'eau qui coule.

TITAN

- Titan est le plus grand satellite de Saturne et la deuxième plus grande lune du Système solaire. Seul Ganymède, un des satellites de Jupiter, est plus gros.

- Titan a été découvert le 25 mars 1655 par Christiaan Huygens, un astronome hollandais. Huygens a tiré son inspiration de Galilée qui avait découvert quatre lunes autour de Jupiter. La découverte de satellites en gravitation autour de Saturne a apporté aux astronomes du XVIIe siècle une preuve supplémentaire que tous les objets du Système solaire ne voyageaient pas autour de la Terre, comme on le croyait précédemment.

- On pensait que Saturne avait 7 lunes. Aujourd'hui, on sait que la géante gazeuse en possède au moins 60.

- Il faut 15 jours et 22 heures à Titan pour graviter autour de Saturne. Titan met aussi longtemps pour tourner autour de son axe, ce qui signifie qu'une année sur Titan dure aussi longtemps qu'une journée !

- À notre connaissance, Titan est la seule lune du Système solaire qui ait une atmosphère dense. Auparavant, les astronomes pensaient que sa masse était beaucoup plus importante. Son atmosphère est principalement composée d'azote plus quelques traces de méthane. D'après les scientifiques, elle serait similaire à celle de la Terre primitive et Titan pourrait disposer d'assez de matériaux pour que la vie se développe. Comme cette lune très froide est dépourvue de dioxyde de carbone, il y a très peu de chances d'y trouver des traces de vie.

- Titan est susceptible de nous montrer à quoi ressemblait la situation sur Terre dans un très lointain passé et de nous aider à comprendre comment la vie a pu commencer.

- Titan est l'endroit le plus éloigné sur lequel une sonde spatiale s'est posée. Le 1er juillet 2004, la mission *Cassini-Huygens* a atteint Saturne. Elle a volé près de Titan le 26 octobre 2004, puis la sonde *Huygens* s'est détachée du vaisseau *Cassini* et s'est posée sur Titan le 14 janvier 2005.

- *Huygens* a pris des photographies de la surface de Titan et a découvert qu'il pleuvait là-bas !

- La sonde a aussi observé des lits de rivière asséchés – « des traces de liquide qui coulait autrefois » – à sa surface. Les clichés ont aussi permis de détecter la présence d'hydrocarbures.

- Dans quelques milliards d'années, quand notre Soleil sera devenu une géante rouge, Titan pourrait se réchauffer au point de voir apparaître la vie !

© NASA/SCIENCE PHOTO LIBRARY

Vue d'artiste de Cassini *s'approchant de Saturne.*

— Pourquoi Cosmos nous a-t-il envoyés ici ? demanda Georges.

— Quand Annie et toi avez deviné que l'indice parlait d'une des lunes, Cosmos a calculé qu'il y avait une très forte probabilité pour que Titan ait hébergé une forme de vie, à cause de la composition chimique de sa structure et de son atmosphère. Cosmos pense que vous découvrirez le prochain indice sur Titan. Même si, je dois l'admettre, il ignore où exactement. Monsieur joue les rabat-joie, en ce moment. Une minute, il coopère, la suivante, il boude.

— Eh, oh ! Je vais porter plainte pour harcèlement ! menaça Cosmos.

— Georges, regarde le lac ! s'écria Annie. C'est quoi, ce truc qui flotte ?

Un objet étrange dérivait devant eux.

— On dirait une machine venue de la Terre.

— À moins que… commença Annie. À moins que quelqu'un ne vive ici et ne l'ait perdue… Emmett ? Cette lune est-elle habitée ? Et, dans ce cas, sommes-nous obligés de rencontrer ces êtres ?

— Euh… marmonna Emmett. J'essaie de vérifier dans les archives de Cosmos si Titan est susceptible d'abriter des formes de vie.

— Stop ! aboya Cosmos. Je suis claqué. Je pose un RTT.

— Sa mémoire est presque saturée, expliqua Emmett. Et nous allons avoir besoin de lui pour ouvrir un portail et vous ramener le plus tôt possible. Je cherche dans *Le Petit Guide de l'Univers*. Là, chapitre intitulé « Sommes-nous seuls dans l'Univers ? » Je devrais trouver la solution.

« Sommes-nous seuls dans l'Univers ? répéta Emmett. Je le pense. Du moins, il n'y a personne à part vous sur Titan. Pour l'instant, vous êtes seuls au milieu de lacs de méthane.

SOMMES-NOUS SEULS DANS L'UNIVERS ?

Certains lecteurs du *Petit Guide* se rendront-ils un jour sur Mars ? Je l'espère. À vrai dire, c'est tout à fait probable. Ce sera un voyage dangereux mais aussi l'exploration la plus excitante de tous les temps. Ces derniers siècles, des pionniers ont découvert de nouveaux continents, pénétré dans les jungles d'Afrique et d'Amérique du Sud, atteint les pôles Nord et Sud, escaladé le sommet des plus hautes montagnes. Ceux qui iront sur Mars posséderont le même esprit d'aventure.

Ce doit être merveilleux de traverser les montagnes, les canyons et les cratères martiens, ou même de les survoler en ballon. Mais il ne faut pas compter se rendre sur Mars pour mener une vie paisible. Les conditions y sont plus rudes qu'en haut de l'Everest ou dans le pôle Sud.

À mon avis, ces explorateurs auront l'espoir d'être les premiers à découvrir des traces de vie passée sur la planète rouge.

Ici, sur Terre, il existe littéralement des millions d'espèces vivantes – bactéries, moisissures, champignons, arbres, grenouilles, singes et hommes évidemment. La vie subsiste dans les coins les plus reculés de notre planète, depuis les grottes sombres où la lumière n'a pas pénétré pendant des milliers d'années, jusqu'aux déserts arides, autour des sources bouillonnantes, dans les sous-sols les plus profonds, très haut dans l'atmosphère…

Notre Terre accueille une gamme extraordinaire de formes de vie qui subissent des contraintes de taille et de forme. Les grands animaux ont de grosses pattes mais ne peuvent pas bondir comme certains insectes. Les plus imposants flottent dans l'eau. Une plus grande variété pourrait exister sur d'autres planètes. Par exemple, si la gravité était plus faible, les animaux pourraient être plus gros et les créatures

de notre taille auraient les pattes aussi fines que celles des insectes.

Partout où vous trouvez la vie sur Terre, vous trouvez de l'eau.

Il y a de l'eau sur Mars et une forme de vie aurait pu apparaître là-bas. La planète rouge est plus froide que la Terre et a une atmosphère plus fine. Personne ne croit plus en cette image des Martiens verts aux yeux globuleux présente dans de si nombreux dessins animés. Si des extraterrestres intelligents vivaient sur Mars, nous en aurions eu connaissance et ils nous auraient déjà rendu visite !

Mercure et Vénus sont plus proches du Soleil que la Terre. Ces deux planètes sont donc beaucoup plus chaudes. La Terre est une planète galactique habitable – ni trop chaude, ni trop froide. Sur un territoire trop chaud, la plus tenace des formes de vie frirait. Sur Mars règne un froid pas totalement polaire. Quant aux planètes plus éloignées, elles sont encore plus glaciales.

Intéressons-nous à Jupiter, la plus grosse planète de notre Système solaire. Si la vie avait évolué sur cette immense boule, où la force gravitationnelle est bien plus importante que sur Terre, les créatures auraient l'air de ballons flottant dans l'atmosphère dense.

Jupiter a quatre grosses lunes susceptibles d'abriter une forme de vie. Europe est recouverte d'une épaisse couche de glace qui dissimule un océan. Afin de découvrir si des créatures nagent dans cet océan, des scientifiques prévoient d'y envoyer un robot sous-marin.

Le deuxième plus grand satellite du Système solaire se nomme Titan, l'une des nombreuses lunes de Saturne. Une sonde a déjà été envoyée à sa surface ; elle a révélé la présence de rivières, de lacs et de rochers. Par contre, la température avoisine les –170 °C, si bien que la moindre eau est à l'état solide. En vérité, ce n'est pas de l'eau mais du méthane liquide qui coule dans ces rivières et ces lacs – rien de bien accueillant !

Examinons à présent ce qu'il se passe au-delà de notre Système solaire, sur d'autres étoiles. Il existe des dizaines de milliards de soleils dans notre galaxie. La plus proche est si lointaine qu'à la vitesse d'une de nos fusées actuelles il faudrait plusieurs millions d'années pour l'atteindre. De même, si des extraterrestres intelligents vivaient sur une planète gravitant autour d'une autre étoile, il leur serait plus facile de nous envoyer un signal radio ou laser que de parcourir des distances hallucinantes pour nous rendre visite.

Les extraterrestres susceptibles de nous envoyer un signal seraient très différents de nous. Les machines utilisées auraient été inventées par des êtres depuis longtemps éteints. Bien entendu, il se peut que des aliens à gros « cerveaux » vivent quelque part dans l'espace interstellaire, mais ils doivent être tellement différents de nous que nous ne les reconnaîtrions pas ou serions incapables de communiquer avec eux. Certains ne veulent peut-être pas révéler leur existence (même s'ils nous observent !). Peut-être y a-t-il des dauphins super intelligents qui réfléchissent joyeusement au fond d'un océan extraterrestre et qui préfèrent ne pas dévoiler leur présence ? D'autres « cerveaux » peuvent être regroupés dans des colonies d'insectes qui agissent ensemble, tel un seul être intelligent. Sans compter tout ce que nous ne pourrons jamais détecter ! L'absence de preuve n'équivaut pas à une preuve d'absence.

Notre galaxie comprend des milliards de planètes et n'est qu'une parmi des milliards. La plupart des gens imaginent que le cosmos fourmille de vie, mais ce n'est qu'une supposition. Nous ignorons quasiment tout de la manière dont la vie est apparue et évolue, aussi sommes-nous incapables de dire si des formes simples de vie sont fréquentes. Nous ne pouvons pas même calculer la probabilité qu'une forme de vie simple puisse évoluer sur une autre planète comme elle a déjà évolué sur Terre. Je parie (pour ce que vaut mon avis) que les formes de vie simple sont très fréquentes, mais que les formes de vie intelligente le sont beaucoup moins.

Il se peut en effet qu'il n'y ait absolument pas de forme de vie intelligente là-haut. La biosphère complexe de la Terre est sûrement unique. Peut-être sommes-nous bel et bien seuls. Dans ce cas, quelle déception pour ceux qui recherchent des signaux extraterrestres, ou espèrent qu'un jour « ils » nous rendront visite. Mais l'échec de ces recherches ne doit pas nous déprimer. Au contraire, nous avons là une raison de nous réjouir : plus besoin de mésestimer la place de notre planète dans le grand ordre de l'Univers ! Notre Terre devient ainsi l'endroit le plus intéressant de tout le cosmos.

Si la vie est la spécificité de la Terre, on pourrait la considérer comme un diaporama cosmique, ce qu'elle n'est pas. La raison ? L'évolution n'est pas terminée. À vrai dire, nous sommes plus près du début que de la fin. Notre Système solaire est à peine au milieu de sa vie : il aura 6 milliards d'années avant que le Soleil enfle, engouffre les planètes inférieures et vaporise toute vie demeurant sur Terre. Dans un futur très lointain, la vie et l'intelligence seront peut-être très différentes des nôtres, comme nous sommes différents des insectes. La vie se sera alors répandue dans toute la Galaxie, aura évolué au point d'atteindre une complexité dont nous n'avons même pas idée. Si tel est le cas, notre petite planète – ce point bleu pâle qui flotte dans l'espace – pourrait être l'endroit le plus important de tout le cosmos.

Martin

— Beurk ! Il pleut ! dit Annie.

Elle tendit la main pour attraper une goutte de liquide trois fois plus grosse qu'une goutte sur Terre. À la différence de la pluie terrestre, elle ne tombait ni vite ni droit. Les gouttes traînassaient dans l'atmosphère, ondoyaient, tournoyaient tels des flocons de neige.

— Oh non ! s'écria Emmett, affolé. Ce doit être une averse de méthane. J'ignore quelle quantité de méthane pur supporteront vos combinaisons avant de commencer à se détériorer.

— Attendez une minute…

Georges avait remarqué quelque chose sur la machine qui dérivait le long de la berge.

— De toute façon, on n'a pas le choix, constata Annie sur un ton sec. À part attendre, qu'est-ce qu'on peut faire d'autre, ici ?

— On distingue des signes sur son flanc.

— Georges, tu me fais peur…

Tandis que de grosses gouttes de pluie s'écrasaient doucement sur son casque, Annie se pencha en avant pour mieux voir l'objet rond à présent échoué sur la rive.

— Tu as raison ! Bingo ! Regarde, cet objet vient de la Terre ! C'est une écriture humaine…

Ils purent lire en grandes lettres sur le côté de l'objet congelé le mot « HUYGENS ».

— Emmett, c'est écrit « Huygens », rapporta Annie. Qu'est-ce que cela signifie ? Ce n'est pas une bombe, hein ?

— Non ! répliqua Emmett. Vous avez trouvé la sonde *Huygens*, celle qu'on a envoyée sur Titan. Je ne pense pas qu'elle fonctionne encore mais c'est plutôt cool, comme nouvelle. Enfin, pas si nouvelle que ça : la sonde date de 2005.

— Ce n'est pas tout, s'enthousiasma Annie. Je vois des symboles extraterrestres !

À côté d'elle, Georges avait une meilleure vue.

— Comme une bouteille à la mer ! s'écria-t-il. Sauf que c'est un message sur une sonde !

En effet, des dessins étaient peints sur la sonde…

Chapitre 11

Assis par terre dans la salle blanche de l'Agence spatiale globale, Cosmos et *Le Petit Guide de l'Univers* tous deux ouverts devant lui, Emmett entendit un bruit. Soudain, les machines à aseptiser s'animèrent à l'entrée, le mot « Décontamination » se mit à clignoter en rouge au-dessus de la porte, tandis qu'un bip strident retentissait. Trop occupé à être brossé, poli, harnaché dans sa combinaison blanche, Emmett n'avait pas remarqué le panneau à son arrivée. Mais là, impossible de l'ignorer : quelqu'un venait !

Le cœur battant à cent à l'heure, Emmett se leva aussitôt. Il n'avait pas envie de déplacer Cosmos, qui était sur le point de transférer Annie et Georges de Titan à un autre endroit dans l'Univers susceptible de leur fournir un indice. Il ne souhaitait pas non plus être interrompu par un inconnu qui lui poserait des milliers de questions, pendant qu'il effectuerait une opération aussi importante que difficile.

C'est alors qu'Emmett repéra une sorte de papier d'aluminium jaune et brillant : une couverture servant à protéger les sondes des rayons trop chauds du Soleil quand elles voyageaient dans l'espace. En douceur, il recouvrit Cosmos puis, posté devant l'ordinateur, il essaya de prendre une pose nonchalante, comme s'il avait l'habitude de se promener dans les salles blanches et de contempler les grosses machines destinées à accompagner les fusées spatiales. Il rajusta son masque en espérant que le visiteur ne le reconnaîtrait pas et le prendrait pour un technicien de petite taille.

La machine à décontaminer éjecta une silhouette dans la salle blanche. L'homme vacilla un peu, se contorsionna dans sa combinaison blanche, jusqu'à ce qu'il trouve ses pieds. Il était impossible de deviner son identité, d'autant plus que la machine à décontaminer semblait lui avoir mis le masque et la charlotte à l'envers. À la place des yeux et du menton, Emmett ne voyait que des cheveux châtains.

— Hé ! s'écria l'homme quand il trébucha sur le satellite à moitié assemblé. Par tous les hadrons exotiques !

Il sautillait d'un pied sur l'autre.

— Je me suis cassé un orteil ! Aïe aïe aïe !

Emmett eut soudain très mal au ventre, comme s'il avait mangé un aliment auquel il était allergique. Une seule personne pouvait se trouver sous cette combinaison blanche, et c'était exactement la dernière qu'Emmett souhaitait voir à cet instant précis…

La silhouette bondissante s'arrêta de danser puis arracha son masque. Il s'agissait bien entendu… d'Éric.

— Ahhh ! s'exclama-t-il quand il aperçut Emmett dans le même déguisement. Travaillez-vous ici, par hasard ?

— Euh… Oui, oui, c'est ça, répondit Emmett de sa voix la plus grave. Absolument. Depuis des années. De nombreuses, nombreuses, nombreuses, nombreuses années. Je suis le plus ancien, en fait. Comme j'ai mon masque, on ne peut pas s'en rendre compte.

— Vous paraissez juste un peu… eh bien, comment dire…

— J'étais plus grand avant, continua Emmett avec sa voix d'adulte. Mais plus je vieillis, plus je rapetisse.

— Ah oui ! Intéressant… poursuivit calmement Éric. Voilà, je vous explique, monsieur…

— Hum… Hum…

Emmett se racla la gorge.

— Professeur, si je puis me permettre.

— Bien sûr, professeur…

Là, Emmett paniqua.

— Professeur Spock ! s'exclama-t-il.

— Professeur… Spock, répéta Éric.

— Euh… Oui… Professeur Spock de l'université de… Enterprise.

— Eh bien, professeur Spock, pourriez-vous m'aider ? Je cherche des enfants qui se sont apparemment perdus. Peut-être les avez-vous aperçus dans les parages ? Comme vous êtes si sage et aussi très âgé, vous auriez peut-être une idée de l'endroit où ils sont allés… Une caméra de sécurité les a filmés en train d'entrer ici.

— Des enfants ? grommela Emmett. Je déteste les enfants. Il n'y en a pas dans ma salle blanche, je vous l'assure. Pas vu d'enfants, moi. Jamais.

— Pour tout vous dire, continua Éric tout aussi calmement, il faut absolument que je les retrouve. Je m'inquiète à leur sujet et j'aimerais savoir s'ils vont bien. Et puis il y a une sorte d'urgence, et cela concerne un des enfants disparus.

— Vraiment ? lâcha Emmett, oubliant sa voix adulte.

— C'est son père…

— Son père ?

Emmett ôta en vitesse son masque.

— Mon père va bien ? s'enquit-il. Quelque chose lui est arrivé ?

Il avait les larmes aux yeux.

— Non, Emmett, répondit Éric, qui passa un bras autour de ses épaules et le tapota dans le dos. Le père de Georges a disparu.

Éric racontait l'histoire des parents de Georges – où ils s'étaient rendus et pourquoi, la disparition de Daniel dans le Pacifique Sud… – quand il fut interrompu par le bruit de la machine à décontaminer qui redémarrait.

— Bip ! Bip !

Au-dessus de la porte, la lumière rouge clignota alors qu'une autre personne avançait sur le tapis roulant.

Un cri scandalisé retentit :

— Ôtez vos sales pattes de robot de là ! Je suis une vieille dame ! Vous devez me montrer du respect !

Crunch…

Dans un grincement, la machine s'arrêta, puis un bruit de piétinement précéda l'ouverture de la porte. Une vieille dame très en colère, armée d'une canne et d'un sac à main (tous deux emballés dans du plastique blanc), arriva en trombe.

Le bip avait cessé, la lumière rouge s'était figée.

— J'exige une explication ! s'écria la vieille dame, qui ne portait pas de combinaison blanche mais son habituel tailleur-pantalon en tweed. Je refuse d'être malmenée par une espèce de robot dégénéré. Ah ! Éric ! Je te trouve enfin. Tu ne me sèmeras pas comme ça, tu sais !

— Je m'en étais aperçu, marmonna Éric.

— Pardon ? Tu oublies que je suis sourde. Tiens mon carnet !

Aussitôt, elle arracha le plastique qui enveloppait son sac et fouilla dedans.

— Emmett, poursuivit Éric sur un ton résigné, je te présente Louise, la grand-mère de Georges. Elle est venue spécialement à l'Agence pour me demander de localiser le père de Georges. L'alerte a été déclenchée par Rosemarie, la maman de Georges.

Éric s'empara du carnet et gribouilla :

Louise, voici Emmett. C'est un ami de Georges, et il s'apprêtait à me dire où sont Annie et votre petit-fils.

Louise dévisagea Emmett puis lui décocha un vrai sourire, tendre et chaleureux.

— Oh ! Éric ! Tu n'as pas de mémoire ! Emmett et moi, nous nous sommes rencontrés à l'aéroport. Nous sommes de vieux amis, n'est-ce pas ? Tu te souviens, Emmett, je suis très sourde, alors si tu veux me parler, mieux vaut écrire dans ce petit carnet !

— Longue vie et prospérité, déclara Emmett en exécutant le salut vulcain de *Star Trek* et en écrivant sa citation dans son carnet.

— Merci, Emmett. J'ai effectivement vécu très longtemps et bien prospéré.

Elle lui rendit son salut.

— Mais je ne comprends pas. Comment allez-vous secourir le père de Georges depuis l'Agence ? demanda Emmett à Éric. Vous comptez envoyer une fusée à sa rescousse ?

— Aurais-tu oublié que je... que l'Agence spatiale globale possède des satellites en orbite autour de la Terre ? répondit Éric. Les missions spatiales ne se contentent pas de scruter le cosmos, elles étudient la Terre pour nous aider à mieux comprendre ce qui s'y passe. J'ai donc demandé au département satellite d'examiner cette partie de l'océan Pacifique, au cas où ils repéreraient Daniel. Dès que nous l'aurons localisé, nous préviendrons Rosemarie, et ils enverront quelqu'un à son secours. On n'a plus qu'à croiser les doigts en espérant que Daniel va bien.

LES SATELLITES DANS L'ESPACE

Un satellite est un objet qui gravite (qui est en orbite) autour d'un autre objet, comme la Lune autour de la Terre, elle-même satellite du Soleil. Mais nous utilisons aussi le mot « satellite » pour parler des objets fabriqués par l'homme que l'on envoie dans l'espace à l'aide d'une fusée afin d'effectuer certaines tâches comme la navigation, la surveillance météorologique ou la communication.

Les fusées ont été inventées par les Chinois autour de 1 000 apr. J.-C. Des siècles plus tard, le 4 octobre 1957, l'ère spatiale débutait réellement avec la mise en orbite autour de la Terre par les Russes du premier satellite artificiel, *Spoutnik*, une petite sphère capable d'envoyer un faible signal radio vers la Terre. Ce lancement à l'aide d'une fusée a fait sensation à l'époque. Le monde entier a réglé sa radio afin de capter le signal de « Lune rouge ». Le télescope *Mark I* de l'observatoire anglais Jodrell Bank a été le premier grand radiotélescope servant d'antenne de poursuite du trajet d'un satellite. *Spoutnik* a rapidement été suivi de *Spoutnik II*, surnommé « Pupnik » (*pup* signifie « chiot » en anglais) parce qu'il transportait une passagère : Laïka, une chienne russe, a été le premier être vivant à voyager dans l'espace.

Les Américains ont essayé de lancer leur propre satellite le 6 décembre 1957, mais alors qu'il se trouvait à 1,20 mètre du sol, la fusée a explosé. Le 1er février 1958, *Explorer I* a eu plus de succès, et bientôt les deux superpuissances de la Terre – l'URSS et les États-Unis – se disputaient pour devenir les plus importantes dans l'espace. À cette époque, tout le monde se méfiait de tout le monde et, bientôt, les deux nations se sont aperçues que les satellites étaient d'excellents espions. Grâce aux clichés pris au-dessus de la Terre, elles espéraient en apprendre davantage sur les activités de leur adversaire. Le satellite ? Une petite révolution !

Au départ, la technologie des satellites a été développée dans un objectif militaire et de renseignement. Dans les années 1970, le gouvernement américain a lancé 24 satellites qui lui ont renvoyé des signaux et des informations orbitales. Ainsi est né le premier GPS (système de positionnement mondial). Cette technologie, qui permet aux armées de traverser des déserts la nuit et aux missiles longue portée d'atteindre leur cible avec une extrême précision, est aujourd'hui utilisée par des millions de conducteurs de voiture qui ne veulent pas se perdre. La navigation par satellite permet aussi aux ambulances de rejoindre les blessés plus rapidement et aux gardes-côtes de lancer des recherches et des missions de secours efficaces.

LES SATELLITES DANS L'ESPACE (SUITE)

Les communications à travers le monde ont été changées à jamais par les satellites. En 1962, une compagnie de téléphone américaine a lancé *Telstar*, un satellite qui a transmis pour la première fois une émission de télévision en direct des États-Unis à l'Angleterre et à la France. Les Britanniques ont vu des images floues pendant quelques minutes quand les Français recevaient des images claires et du son. Ils sont même parvenus à envoyer leur propre transmission d'Yves Montand chantant : « La chansonnette ». Avant les satellites, les événements devaient être filmés et les pellicules envoyées par avion aux chaînes de télévision des autres pays. Après *Telstar*, des événements majeurs – comme les funérailles du président américain John F. Kennedy ou la Coupe du Monde de football en 1966 – ont pu être retransmis en direct aux quatre coins de la planète pour la première fois. Les téléphones portables et Internet font aujourd'hui partie des nombreuses manières d'utiliser un satellite.

Les images-satellites ne sont pas uniquement destinées aux espions ! Être capable de regarder la Terre depuis l'espace nous a permis de découvrir des formations terrestres et atmosphériques. Nous pouvons mesurer l'utilisation des terres, estimer l'expansion des villes, le changement de forme des déserts et des forêts. Certains agriculteurs se servent des images-satellites pour surveiller leurs cultures et décider quels champs ont besoin d'engrais.

Les satellites ont également transformé notre vision de la météorologie. Depuis leur apparition, les prévisions sont plus précises. Ils montrent l'émergence de formations nuageuses et leur déplacement au-dessus du monde. Les satellites ne changent pas le temps qu'il fait, mais ils suivent à la trace les ouragans, les tornades et les cyclones, et permettent l'émission d'alertes maximales suffisamment à l'avance.

À la fin des années 1990, le satellite *TOPEX/Poseidon* de la NASA, qui mesure le relief des océans, a fourni assez d'informations aux météorologues pour les prévenir de l'arrivée du phénomène El Niño. *Jason*, une nouvelle série de satellites de la NASA, a récemment été lancé afin de récolter des données sur l'influence de l'océan sur le climat terrestre. Cela nous permettra de mieux comprendre les changements climatiques, d'obtenir des images détaillées des calottes glaciaires qui fondent aux pôles, des mers intérieures qui disparaissent et des niveaux des océans qui montent – le genre d'information dont nous avons besoin de toute urgence !

Comme les satellites observent la Terre et transforment notre compréhension de notre propre planète, ils ont aussi changé notre perception de l'Univers qui nous entoure. Le télescope spatial *Hubble* a été le premier observatoire spatial à très large échelle. En orbite autour de la Terre, *Hubble* a permis aux astronomes de calculer l'âge de l'Univers et a montré qu'il se dilate à une vitesse accélérée.

Trois mille satellites gravitent autour de la Terre, couvrant au total chaque centimètre carré de notre planète. Ce nombre élevé peut être dangereux. Les satellites en orbite basse se déplacent très vite, à environ 28800 km/h. Les collisions sont rares, mais quand elles surviennent, elles provoquent de gros dégâts. Une simple écaille de peinture heurtant un vaisseau à cette vitesse produit un impact énorme. Il y a peut-être un million de fragments en orbite autour de la Terre; seuls 9000 d'entre eux sont plus gros qu'une balle de tennis.

— Les satellites ne peuvent pas mesurer la hausse du niveau des mers à leur place ? s'enquit Emmett.

— Si, bien sûr. Et je les aurais aidés avec joie s'ils me l'avaient demandé. Néanmoins, l'exploration humaine et l'expérience sur le terrain demeurent très importantes. Pendant leur séjour, ils découvriront de nombreuses choses que les satellites ne peuvent pas percevoir. Je regrette que nous n'ayons pas collaboré sur ce projet, mais c'est peut-être l'occasion ou jamais. Rosemarie a appelé Louise pour lui signaler la disparition de Daniel. Louise est venue directement me trouver, ce qui était la meilleure chose à faire ! Nous devrions le repérer d'une minute à l'autre, conclut-il, assez satisfait de lui. Bon, maintenant, dis-moi où sont Georges et Annie. Vous jouez à cache-cache ?

Son sourire fit paniquer Emmett.

— Nous avons inventé une sorte de jeu, bégaya-t-il.

— Très bien ! s'exclama Éric. LOUISE, LES ENFANTS SONT EN TRAIN DE JOUER ! Explique-moi les règles. On peut se joindre à vous ? J'ai grand besoin de me changer les idées, en ce moment, vu que j'ai raté le lancement.

— Eh bien… c'est comme une chasse au trésor.

— Oui… fit Éric en l'encourageant à continuer.

— Un jeu ? intervint Louise. Comme c'est excitant !

— On… On vous donne des indices, et vous devez découvrir quelle sera la prochaine étape, ajouta Emmett qui, à cet instant précis, aurait aimé se propulser dans l'espace et ne pas avoir à finir son explication.

Éric gribouilla quelques mots dans le carnet de Louise.

— Une chasse au trésor ! Splendide ! s'exclama-t-elle après avoir lu. Mon petit Éric, tu n'as pas seulement un problème de mémoire : ton écriture est illisible ! Comment as-tu pu aller aussi loin dans la vie ?

— O.K. Je demande un indice. Où sont-ils allés ?

Éric souriait encore quand Cosmos, dissimulé sous sa couverture en aluminium, annonça à voix haute :

— Ping ! Envoi terminé ! Étape trois de la mission en cours.

Le sourire d'Éric se figea dès qu'il entendit la voix de Cosmos. Il se précipita vers la pile de papier froissé, la souleva et découvrit le super portable au-dessous.

— MAIS C'EST MON ORDINATEUR ! cria-t-il si fort que Louise l'entendit sans problème. Je complète ma question : où sont Georges et Annie… dans l'Univers ?

Chapitre 12

Éric paraissait si en colère que, pendant un moment affreux, Emmett eut peur qu'il n'explose, telle une supernova dont la luminosité embraserait toute une galaxie. La force de sa fureur flamboyait dans ses yeux.

— Si vous avez fait ce que je pense… hurla-t-il.

Emmett se contenta d'ouvrir et de fermer la bouche comme un poisson rouge. Mis à part des gargouillis, aucun son ne parvenait à sortir.

— Où sont Annie et Georges ? répéta Éric, au bord de la crise de nerfs.

— I… i… i… fut la seule lettre qu'Emmett fut capable de prononcer.

Le regard brillant de Louise se posait tour à tour sur Éric et sur Emmett, tandis qu'elle tentait de comprendre le fond du problème.

— Dis-moi, insista Éric. Je dois savoir.

Emmett bougea les lèvres, mais la voix lui manqua. Il déglutit bruyamment, et les larmes lui brouillèrent la vue.

— O.K. Si tu refuses de me parler, je vais m'adresser à Cosmos.

Éric s'agenouilla devant son super-ordinateur et tapa sur les touches à toute vitesse.

— Comment avez-vous pu… marmonnait-il entre ses dents… comment avez-vous pu faire ça ?

Louise clopina jusqu'à Emmett et lui tendit son carnet et son crayon.

— Si c'est aussi difficile à dire, lui chuchota-t-elle, pourquoi tu ne l'écrirais pas ? Comme ça, je te servirai d'interprète auprès d'Éric !

L'air reconnaissant, Emmett s'empara du carnet. Il mâchouilla l'extrémité du crayon tout en réfléchissant.

— Et si je te posais des questions ? proposa gentiment Louise. Cela nous aiderait peut-être à avancer. Pourquoi Éric est-il si contrarié ?

Parce que nous avons utilisé son ordinateur spécial, Cosmos, écrivit Emmett avec soin.

— Qu'a-t-il de si spécial ?

Il envoie les gens dans l'Univers.

— Annie et Georges sont partis en voyage ?

La peur brillant dans ses gros yeux, Emmett hocha la tête. Louise se contenta de lui sourire et le poussa à écrire. Emmett obéit à contrecœur.

Ils étaient sur Titan avant de traverser le portail. Maintenant, ils sont dans le système solaire le plus proche de nous, Alpha du Centaure. Ils croient pouvoir trouver le prochain indice là-bas. Le premier indice leur est parvenu sur Terre, ils ont trouvé le deuxième sur Mars et le troisième sur Titan.

— Ah, je comprends ! La fameuse chasse au trésor !

De son côté, Éric s'acharnait sur Cosmos, qui refusait apparemment de coopérer.

— Eh ! M'embête pas ! Accès refusé ! s'énerva le super-ordinateur.

Emmett leur décocha un regard nerveux.

— Qui leur laisse des indices ? demanda Louise.

Nous l'ignorons. Mais chaque message se termine de la même façon : il menace de détruire la planète si nous ne les suivons pas.

— D'autres indices sur ces indices ?

Eh bien… griffonna Emmett. *J'ai découvert quelque chose. Je me trompe peut-être…* Il dessina une série de points.

— Continue, l'encouragea Louise, tandis qu'Éric poussait un grognement de frustration.

Elle posa une main sur l'épaule d'Emmett pour l'apaiser.

— Nous nous occuperons de lui dans une minute.

Le premier indice leur est parvenu sur Terre, où il y a déjà la vie. Le deuxième se trouvait sur Mars, où il y aurait eu une forme de vie dans le passé. Le troisième les attendait sur Titan, une lune de Saturne. Titan ressemblerait à la Terre peu avant l'apparition de la vie. Nous nous sommes donc dit que le quatrième indice les conduirait dans le système d'étoiles le plus proche de nous, en dehors du Système solaire, Alpha du Centaure. Ils doivent trouver une planète dans un système d'étoiles binaires. Voilà ce que l'indice disait.

— Tu penses qu'ils suivent la piste de la vie dans l'Univers afin d'empêcher l'anéantissement de la Terre, résuma Louise. Tu es un garçon très intelligent, Emmett. Éric !

Elle le tapota dans le dos avec sa canne.

— Laissez. Moi. Tranquille. Je. Suis. Occupé, répondit Éric pendant que Cosmos le sifflait copieusement.

— Pas de chance ! répondit Louise. J'ai quelque chose à te dire. Et quand tu auras mon âge, tu auras le droit de parler, que les autres le veuillent ou pas. Éric, tu as terrorisé ce pauvre garçon au point qu'il ne peut pas articuler un seul mot. Si tu voulais te montrer un peu plus gentil avec lui, il se calmerait et t'aiderait à résoudre ce problème.

Ce garçon, écrivit Éric dans le carnet de Louise, *a exposé Annie et Georges à un grave danger. J'ai le droit d'être furax !*

— Bon, d'accord, mais on perd un temps très précieux. Maintenant, tu vas m'écouter. Ah oui ! J'oubliais : arrête d'accuser Emmett.

Cette fois-ci, Éric explosa réellement.

— Il a réussi à réparer mon ordinateur je ne sais trop comment et sans me le dire ! fulmina-t-il. Ensuite, il a laissé Annie et Georges vagabonder dans l'Univers, après un message bizarre qu'Annie a cru recevoir sur un ordinateur qui ne fonctionnait pas.

Message envoyé par des extraterrestres qui n'existent pas ! Et maintenant, Cosmos marche de travers, et j'ignore si je pourrai les faire revenir !

Louise entendit avec clarté chacun de ses mots.

— Mais ça suffit ! Ce n'est pas la faute d'Emmett mais celle de ta fille et de mon petit-fils. Cette mésaventure porte leur empreinte ! Georges m'a confié qu'il venait en Floride parce que Annie avait une mission importante à lui proposer. Ce doit être ça. Ils sont partis car ils croyaient la Terre en danger. C'était de leur devoir d'agir. Ils ont reçu le premier indice sur Terre, et le message les a conduits sur Mars. D'après Emmett, l'autre indice qui les attendait là-bas les a expédiés sur Titan. Ils viennent d'en partir. Direction une planète autour…

Louise vérifia le nom exact sur son carnet.

— … d'Alpha du Centaure, compléta-t-elle.

— Quoi ? s'écria Éric. Cette chasse au trésor n'est pas un jeu de leur invention pour passer le temps et me contrarier ? Ils ont choisi une destination, découvert un indice et poursuivi leurs recherches dans l'espace ?

Les yeux fermés, Emmett hocha la tête.

— Au nom d'Einstein, comment cela a-t-il pu se produire ? demanda Éric, incrédule.

— Euh… J'ai créé une application qui ouvre un portail éloigné quand j'ai mis Cosmos à jour, chuchota enfin Emmett. Je suis vraiment désolé.

Éric ôta ses lunettes et se frotta les yeux.

— Tu dis qu'ils sont allés sur Mars et qu'un autre indice les attendait ?

— Oui, marmonna Emmett. Il avait été dessiné sur le sol par les roues de Homer.

Éric remit ses lunettes et bondit sur ses pieds. Puis il prit le garçon par les épaules.

— Emmett ! Je suis désolé d'avoir crié ainsi. Vraiment. Mais je dois rejoindre Annie et Georges immédiatement. Peux-tu m'envoyer vers Alpha du Centaure ?

Les épaules avachies, Emmett répondit sur un ton nerveux :

— Je peux essayer... Mais Cosmos ne marche pas très bien, et j'ai peur qu'il utilise trop de mémoire, en ce

moment. J'ignore ce qui arrivera si j'envoie quelqu'un d'autre par le portail.

Mais Éric avait déjà déballé sa combinaison spatiale.

Emmett s'accroupit lourdement devant Cosmos. Louise scrutait l'écran par-dessus son épaule.

— Mes pauvres vieux genoux ne me permettront pas de descendre aussi bas, affirma-t-elle, déçue.

Aussitôt, Emmett se leva, s'empara de Cosmos et le posa en équilibre sur le satellite à moitié assemblé, afin que la grand-mère de Georges puisse voir l'écran. Il rassembla des morceaux de machine éparpillés et fabriqua une sorte de chaise pour Louise.

— Merci, Emmett, déclara celle-ci. C'est très gentil de ta part.

— De rien !

Quand il voulut lui couvrir les jambes avec le papier aluminium doré, elle le repoussa.

— Emmett, le gronda-t-elle gentiment, occupe-toi de l'ordinateur plutôt que de ma vieille carcasse.

Les doigts tremblotants, Emmett entra son mot de passe et attendit de voir si Cosmos réagissait aussi violemment avec lui qu'avec Éric.

— Accès autorisé, annonça Cosmos sur un ton poli.

Emmett lui demanda alors de localiser la dernière activité du portail afin qu'il en crée un autre à partir de la Terre et expédie Éric auprès d'Annie et de Georges.

Cette fois-ci, ce n'était pas l'attitude de Cosmos qui inquiétait Emmett, mais sa capacité à accomplir des tâches indispensables à la réussite de son entreprise.

— Planète… orbite… Alpha du Centaure… articula Cosmos. Recherche coordonnées dernière activité portail système stellaire Alpha du Centaure… recherche… planète en orbite… recherche informations… recherche dernier portail…

Un petit sablier apparut sur l'écran. Emmett appuya sur quelques touches sans obtenir de réponse. Seul le sablier clignotait pour rappeler à Emmett que Cosmos était occupé.

Je crois qu'il manque de mémoire, écrivit Emmett dans le carnet de Louise pendant qu'ils patientaient. *Il en utilise trop pour faire fonctionner ces portails dans de bonnes conditions à l'autre bout de l'Univers. Il est très important de ne pas trop lui poser de questions pour l'instant.*

— Quel genre de questions ? s'enquit Louise.

Nous devons savoir où Cosmos a envoyé Annie et Georges. Ils lui ont demandé de trouver une planète dans le système stellaire d'Alpha du Centaure.

— Et comment trouve-t-on une planète dans l'espace… ?

COMMENT TROUVER UNE PLANÈTE DANS L'ESPACE ?

Les planètes ne générant pas leur propre énergie, elles sont très ternes par rapport à leur étoile mère, qui tire son énergie de réactions de fusions nucléaires. Si l'on se sert d'un télescope puissant pour prendre en photo une planète, sa faible luminosité sera perdue dans l'éclat de l'étoile autour de laquelle elle gravite.

On peut néanmoins détecter les planètes par la force gravitationnelle qu'elles exercent sur leur étoile. Les planètes attirent en effet les pommes, les lunes et les satellites vers elles à cause de leur gravité. Elles attirent également leur étoile mère. Tel un chien en laisse qui tire d'un coup sec son maître, une planète peut tirer son étoile – la laisse étant la gravité.

Les astronomes sont capables d'observer une étoile proche (comme Alpha Centauri A ou B), pour vérifier si elle ne serait pas tractée par une planète passée inaperçue. Le mouvement consécutif d'une étoile, révélateur de la présence d'une planète, peut être détecté de deux manières.

Premièrement, les ondes lumineuses émanant de l'étoile sont soit comprimées soit étirées selon qu'elle s'approche ou qu'elle s'éloigne de la Terre (c'est l'effet Doppler).

Deuxièmement, deux télescopes réunis en un peuvent combiner les ondes lumineuses d'une étoile afin d'en détecter le mouvement.

Des planètes aussi petites que la Terre ou aussi grosses que Jupiter peuvent être détectées à l'aide de ces techniques. Peut-être qu'un jour ce sera votre tour de découvrir une planète que personne n'aura remarquée auparavant !

Geoff

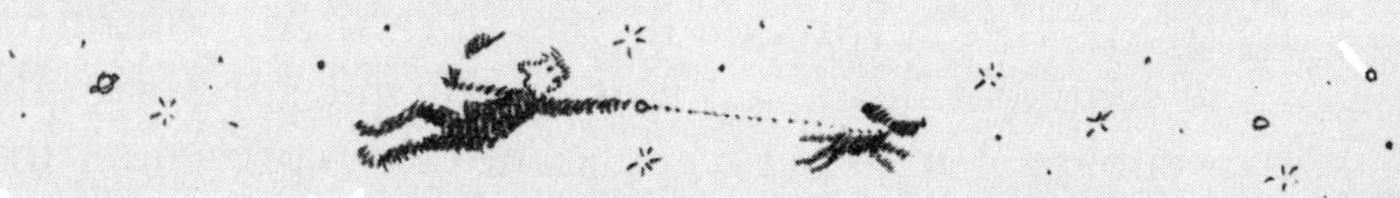

Chapitre 13

— Ouh ! Oh ! s'exclama Annie, qui se cacha les yeux derrière son bras quand ils émergèrent du portail entre Titan et la planète que Cosmos leur avait trouvée en orbite autour de l'étoile Alpha Centauri B.

Heureusement pour elle, le verre spécial de sa visière spatiale se teinta, et sa vision redevint normale.

— Waouh, quelle lumière ! s'écria Georges en arrivant derrière elle.

Dire que, cette fois-ci, ils pensaient avoir mieux préparé leur atterrissage ! Sur Mars et Titan, ils n'avaient pas sorti leur corde d'urgence ni les pitons métalliques dont disposait leur combinaison spatiale. Là, ils étaient prêts à s'attacher à la surface de leur nouvelle planète. Mais, à leur arrivée, ils furent très surpris de ne pas flotter. Au contraire, ils se sentaient beaucoup plus lourds que sur Terre. Ils parvenaient à marcher, cependant cela représentait un énorme effort de soulever une jambe après l'autre pour avancer.

— J'ai l'impression de peser trois tonnes! déclara Annie, qui fit tomber sa corde et ses pitons.

On aurait dit que quelqu'un la poussait vers le sol blanc.

— Davantage de pesanteur, expliqua Georges. Nous devons être sur une planète qui ressemble à la Terre, mais dont la masse est plus grande. Voilà pourquoi nous nous sentons oppressés par cette gravité. Si elle était plus forte, nous serions écrabouillés à l'heure qu'il est.

— Je m'assois, soupira Annie. Je suis épuisée!

— Non, non! Tu risques de ne jamais te relever. Ne t'assois pas, Annie, ou nous ne repartirons jamais d'ici.

Dans un grognement, Annie s'appuya contre lui. Georges chancela afin de rester debout et de s'accrocher à elle en même temps.

— Annie, nous devons trouver le prochain indice et partir. La gravité est trop forte. Nous n'avons pas été conçus pour survivre à de telles conditions. Si nous étions des fourmis, cela ne poserait pas de problèmes, mais nous sommes trop grands pour des endroits comme celui-ci. Et il y a trop de lumière. Je commence à avoir mal aux yeux.

Alors qu'il faisait plus sombre sur Mars et sur Titan que sur Terre, cette nouvelle planète les aveuglait. Bien que leurs visières soient censées leur protéger les yeux comme des lunettes de soleil superpuissantes, ils avaient du mal à voir.

— Ne regarde pas directement le soleil, lui recommanda Georges. Il est encore plus brillant que le nôtre.

De toute manière, il n'y avait pas grand-chose à contempler. Autour d'eux, sur des kilomètres, s'étendaient des roches nues qui cuisaient sous la lumière éclatante de cette planète lourde et brûlante. Inquiet, Georges examina les alentours, chercha un signe qui les conduirait au quatrième indice.

— C'est… quoi… là-bas… ? bredouilla Annie.

Avachie contre lui, elle agita lentement le bras. Georges la secoua.

— Annie ! Réveille-toi ! Réveille-toi !

La lumière et la pesanteur de cette étrange planète

semblaient la droguer. Il tenta d'appeler Cosmos puis Emmett. Au premier essai, cela sonnait occupé. Au deuxième, un message enregistré lui dit : « Nous accordons beaucoup d'importance à votre appel. Tapez dièse pour être mis en relation avec… » Puis il fut coupé.

Annie s'effondra sur lui. Elle était si lourde sur cette planète qu'il avait l'impression de porter un éléphanteau. Elle posa la tête sur son épaule. Alors qu'il la tenait dans ses bras, Georges commença à avoir vraiment peur. Dans les années à venir, pensa-t-il, quand les premiers voyageurs interstellaires atterriraient sur

cette planète sans nom, en orbite autour d'une des étoiles les plus proches de la Terre, ils découvriraient peut-être les restes roussis de deux enfants humains, les organes calcinés et bouillis sur le sol desséché. Hébété, Georges les imagina en train de bondir de leur vaisseau spatial. Au moment de baptiser leur trouvaille, ils s'apercevraient que deux enfants avaient déjà effectué le voyage de quatre années-lumière vers cet enfer, avant de périr sous ce soleil incandescent.

Alors qu'il abandonnait tout espoir et chancelait, la lumière dans le ciel s'assombrit quelque peu. D'un blanc brillant, elle vira au jaune.

— Regarde, Annie ! s'écria-t-il tout en la secouant dans ses bras. Le soleil se couche ! Tu vas te sentir mieux dans quelques minutes. Tiens le coup, je t'en prie ! Il traverse le ciel assez vite – enfin, plus vite que notre Soleil sur Terre. Dès qu'il aura disparu, nous aurons moins chaud et nous pourrons chercher l'indice.

— Hein ? marmonna Annie.

Elle leva la tête et scruta l'horizon.

— Il ne se couche pas ! Il se lève… Ce soleil est vraiment joli… Beau soleil luisant dans les cieux…

— Annie, il ne se lève pas ! répliqua Georges, croyant qu'elle hallucinait. Concentre-toi ! Le soleil se couche !

Autour d'eux, la lumière déclinait doucement.

— Ne sois pas idiot, grommela Annie un peu plus fort.

Georges ressentit un certain soulagement : son énervement signifiait qu'elle allait mieux.

— Je sais faire la différence entre l'aube et le crépuscule ! Et là, je te dis que c'est l'aube.

Ils s'écartèrent un peu et regardèrent par-dessus l'épaule de l'autre.

— L'aube ! décréta Annie, le pouce en l'air.

— Le crépuscule, affirma Georges, le pouce en bas.

— Retourne-toi, lui ordonna Annie.

Georges pivota très lentement – il était impossible de se mouvoir plus vite sur cette planète à forte gravité.

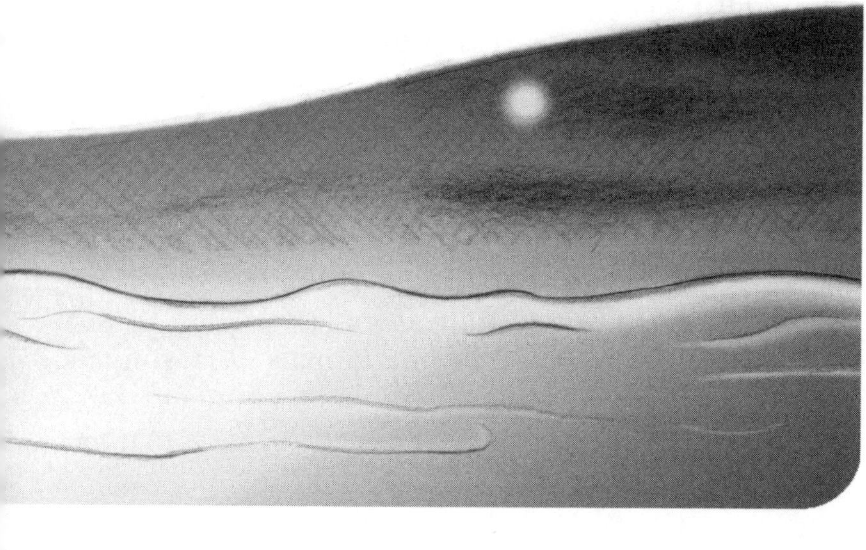

Derrière lui, un petit soleil brillant s'élevait dans le ciel, au-dessus des terres rocheuses. Il ne projetait pas une lumière aveuglante comme celui qui se couchait à l'autre extrémité, mais les baignait d'une douce clarté, si bien que la nuit noire enveloppait rarement la planète nue.

— Évidemment ! Nous sommes dans un système stellaire binaire ! Souviens-toi de l'indice : cette planète possède deux soleils ! s'enthousiasma Georges. Je suis sûr d'avoir lu un article concernant ce système sur Internet. Un des soleils est plus gros que l'autre. Celui qui se couche doit être Alpha B, l'étoile autour de laquelle cette planète gravite. Il a l'air plus gros parce que nous sommes plus près de lui. Et l'autre doit être Alpha A, la deuxième étoile du système du Centaure. En vérité, c'est elle, la plus grosse.

Grâce à la lumière plus tamisée, Georges et Annie purent un peu mieux examiner le paysage. Non loin, ils aperçurent un immense trou dans le sol.

— Allons jeter un coup d'œil, décréta Annie.

— Pourquoi ?

— Parce qu'il n'y a rien d'autre à regarder ! s'emporta Annie. Et un autre indice nous attend peut-être au fond ! Sur Mars et sur Titan, Cosmos nous a envoyés vraiment près de chaque nouvel indice. À moins que monsieur n'ait une meilleure idée ?

Elle semblait avoir retrouvé son caractère de cochon.

— Non, madame, répondit Georges.

Il essaya de rappeler Emmett, mais cela sonnait encore occupé.

— Viens ! ordonna Annie. Par contre, je ne marche pas.

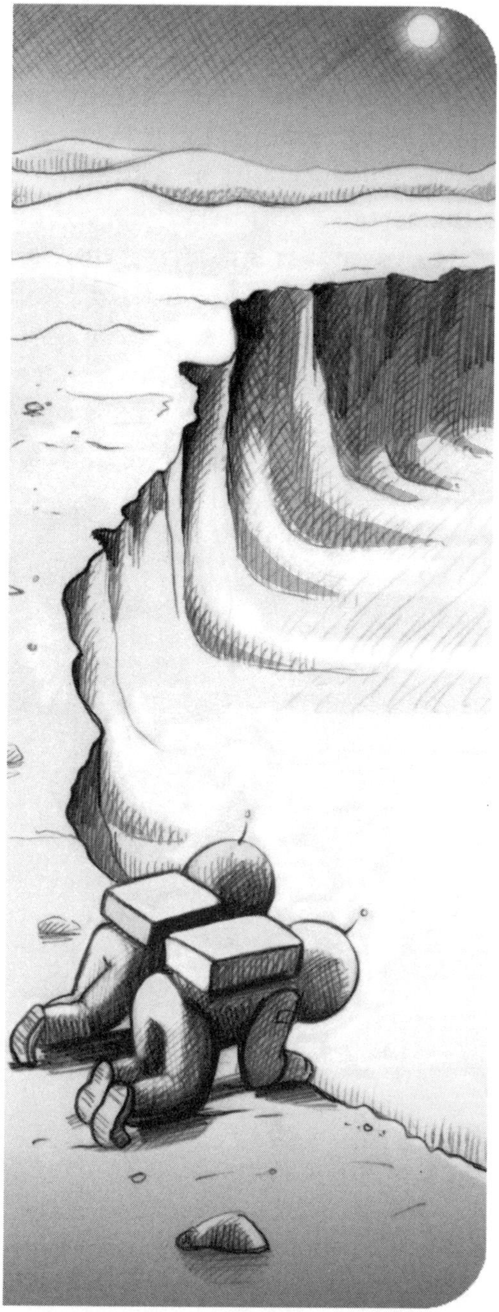

Elle tomba à quatre pattes et se mit à ramper en direction du cratère.

Georges préférait marcher, mais sa progression lente et pénible lui faisait penser au bûcheron en fer-blanc dans *Le Magicien d'Oz*, qui devait jeter une jambe en avant puis l'autre pour avancer. À son tour, il s'agenouilla et suivit Annie, qui était parvenue au bord du précipice et scrutait le cratère vide, issu d'une collision avec une comète ou un astéroïde.

— Il n'y a rien, déclara-t-elle, déçue.

Georges se contorsionna à côté d'elle.

— Où trouverons-nous le prochain ind… ? commença-t-il.

Il se tut car, à cet instant précis, tout au fond de l'immense cratère, ils aperçurent une chose à laquelle ils ne s'attendaient absolument pas. D'abord floue, la silhouette se solidifia de seconde en seconde : un portail ! Au même moment, une botte spatiale puis une autre franchirent le seuil, et l'appareil de transmission intégré au casque de Georges grésilla.

— Georges ! Ici ta grand-mère ! Tu m'entends ?

Chapitre 14

Au fond du cratère, Éric sortit d'un pas leste du portail et tomba à plat ventre. Il avait préparé une remontée de bretelles historique en attendant que Cosmos ouvre la porte. Mais, une fois qu'il eut atteint la planète lointaine, « Nrrggghh » fut tout ce qui sortit de sa bouche.

— Papa ! s'écria Annie en haut du cratère.

Elle éclata en sanglots sous son masque spatial. Tant pis s'il se mettait en colère contre elle ! Elle était si contente de le voir ! Elle glissa en bas de la pente et le rejoignit en se tortillant sur le ventre. Tandis qu'Éric se retournait sur le dos, Annie s'écrasa sur lui et le serra très fort dans ses bras.

— Papa ! sanglota-t-elle. C'est trop bizarre ici ! Je n'aime pas cette planète !

Éric poussa un gros soupir, qu'Emmett et Louise entendirent des millions de kilomètres plus loin, sur Terre. Il décida de reporter à une autre fois son discours sur les enfants qui voyagent sans permission dans l'espace.

La grand-mère de Georges ne se priva pas, elle, pour dire le fond de sa pensée.

— Georges ! aboya-t-elle. Je n'arrive pas à croire que tu m'aies embarquée dans une histoire aussi dangereuse sans m'en parler avant ! Je suis folle de rage ! Tu aurais dû m'informer des vraies raisons qui te poussaient à venir en Amérique…

Son sermon n'en finissait pas. Georges rêvait de baisser le son à la manière d'Emmett qui avait coupé le sifflet à Cosmos. En bas dans le cratère, Éric lui fit signe de descendre.

— Désolé, mamie. Je dois y aller. On en reparlera plus tard, O.K. ?

Et, après une longue glissade sur le flanc du cratère, il rejoignit Éric et Annie. Ils scellèrent leurs retrouvailles par de grandes embrassades en combinaison spatiale sur une planète sans nom, en orbite autour d'Alpha B, dans le système stellaire d'Alpha du Centaure.

— Je suis obligé de fermer le portail quelques minutes, annonça Emmett. Je ne peux pas le maintenir ouvert et effectuer d'autres opérations sur Cosmos. Donc, ne paniquez pas quand la porte se volatilisera. Je reviens tout de suite vers vous.

Le portail devint translucide puis s'estompa. Georges, Annie et Éric s'allongèrent contre la paroi incurvée du cratère et contemplèrent Alpha A, qui se déplaçait dans le ciel bleu foncé et dégagé.

— Bien. Georges... Annie... commença Éric, qui se trouvait au centre. Nous voilà de nouveau dans l'espace, tous les trois. Et une fois de plus, nous sommes perdus.

Le portail avait totalement disparu.

— On peut rentrer à la maison ? demanda Annie en reniflant. J'en ai assez de cette histoire.

— Bientôt, très bientôt, la rassura Éric. Dès qu'Emmett parviendra à activer le portail du retour.

— Quoi ? s'exclama Georges, qui tenta de se redresser mais n'eut pas la force de lutter contre la pesanteur. Nous ne pouvons pas retourner sur Terre tout de suite ?

— J'ai bien peur que non, répondit Éric. Cosmos rencontre quelques problèmes, mais Emmett va les résoudre. Je ne lui aurais pas confié une telle responsabilité s'il n'était pas la personne la mieux qualifiée pour cela. Il a déjà effectué des réparations dont je n'aurais jamais été capable.

— Attends, papa ! Tu nous as rejoints sans savoir si nous pourrions rentrer un jour ? On est coincés ici à jamais ? paniqua Annie.

— Voyons, je ne pouvais pas vous abandonner sur cette planète !

— Oh ! Papa ! s'écria Annie. Je suis tellement désolée ! À cause de moi, nous allons finir en chips grillées dans cet horrible endroit.

— Annie, ressaisis-toi ! Ce n'est pas ta faute, et tout va bien se passer. Nous serons partis bien avant d'être transformés en chips ! affirma Éric. Par contre, il faut qu'on s'en aille avant le lever d'Alpha B. Nos combinaisons spatiales ne supporteront pas longtemps la chaleur de cette planète, parce qu'elle est trop proche de son étoile. Voilà pourquoi il n'y a ni eau ni vie, ici. Rendons-nous autre part. Dans un endroit plus agréable.

— Cosmos peut nous expédier plus loin ? s'enquit Georges, plein d'espoir.

Il n'était pas question qu'il revoie de sa vie la lumière aveuglante d'Alpha B.

— Oui, répliqua Éric, l'air confiant. Parfois, nous devons partir loin, très loin, pour mieux revenir. Ne vous inquiétez pas si vous avez l'impression que nous nous dirigeons dans la mauvaise direction. Dites-vous que c'est normal !

— Dans combien de temps Alpha B doit-il se lever ? demanda Georges.

— Je ne sais pas trop... En tout cas, nous devons avoir quitté les lieux avant l'aube.

— Où allons-nous ? interrogea Annie.

— Sur une autre planète, lui répondit son père. Cosmos cherche laquelle conviendrait le mieux. Emmett m'a raconté que vous suiviez les indices à travers l'Univers, que vous vous étiez lancés dans une sorte de chasse au trésor cosmique.

— Euh... Oui... avoua Georges. On continue notre périple parce que chaque fois nous trouvons un autre indice qui nous emmène plus loin.

— Si je comprends bien, celui que vous avez trouvé sur Titan vous incitait à vous rendre dans un système stellaire binaire, où une planète graviterait autour d'une étoile.

— Cela nous paraissait le plus intelligent, marmonna Annie.

— Oh ! Je ne vous traitais pas d'idiots ! Au contraire. Emmett croit que les indices vous poussent à chercher des signes de vie dans l'Univers. S'il a raison, nous devons trouver une planète dans ce qu'on appelle la zone habitable galactique de son étoile. Une planète qui ne serait ni trop chaude ni trop froide.

— Je comprends ! s'exclama Georges. Celle-ci est trop chaude, donc ce n'est pas la bonne planète.

— Une autre preuve me dit que vous vous êtes trompés d'endroit… Combien d'étoiles montrait l'indice ? demanda Éric.

— Deux, répondit Georges.

— Ici, il y en a trois. Vous voyez cette étoile moins lumineuse, là-bas ? Il s'agit de Proxima Centauri. Elle se nomme ainsi parce que c'est l'étoile la plus proche de la Terre. Nous sommes donc dans un système triple !

— Oh non ! Mauvaise planète, mauvais système stellaire, gémit Georges. Qu'est-ce qu'on fait, maintenant ?

— Papa ? l'interrompit Annie. Cela veut dire que tu nous crois ?

— Oui, mon cœur, admit Éric. Et je suis vraiment désolé. Je suis persuadé que ces indices et ces messages ont été laissés à mon intention, pas à la vôtre. Si je pouvais vous renvoyer sur Terre en un claquement de doigts, je n'hésiterais pas une seconde. Mais ce serait une erreur. Nous devons poursuivre cette chasse au trésor cosmique ensemble ! Vous êtes partants ?

Annie s'approcha de lui.

— Oui, affirma-t-elle.

ALPHA DU CENTAURE

À « seulement » 4 années-lumière de la Terre, Alpha du Centaure est le système stellaire le plus proche de notre Soleil. La nuit, il ressemble à une étoile parmi d'autres, mais en fait c'est un système triple. Il comporte deux étoiles semblables à notre Soleil, Alpha Centauri A et Alpha Centauri B. La distance qui les sépare équivaut à 23 fois celle qui sépare la Terre et le Soleil. Elles gravitent autour d'un centre commun en 80 ans. Il existe une troisième étoile, plus pâle, Proxima Centauri, qui gravite autour des deux autres mais à une très lointaine distance. Comme son nom l'indique, Proxima est la plus proche de nous.

Alpha Centauri A est une étoile jaune assez semblable à notre Soleil mais plus lumineuse et un peu plus massive.

Alpha Centauri B est une étoile orange, un peu plus froide que notre Soleil et un peu moins massive. On pense qu'Alpha du Centaure s'est formé il y a environ 1 000 millions d'années avant notre Système solaire. Alpha Centauri A et Alpha Centauri B sont des étoiles stables, comme notre Soleil, et, comme lui, elles étaient peut-être entourées de disques de poussière protoplanétaires à leur naissance.

En 2008, des scientifiques ont suggéré que des planètes se seraient formées autour d'une étoile, voire des deux. Depuis un télescope situé au Chili, ils suivent de très près Alpha du Centaure pour voir si de petits vacillements dans la lumière des étoiles peuvent démontrer l'existence de planètes en orbite autour du système stellaire le plus proche de nous. Les astronomes scrutent Alpha Centauri B au cas où cette étoile calme et lumineuse révélerait la présence de mondes semblables à la Terre en orbite autour d'elle.

Alpha du Centaure est visible depuis l'hémisphère Sud de la Terre, dans la constellation du Centaure. Son nom exact ? Rigel Kentaurus, qui signifie « le pied du Centaure ». Alpha du Centaure est sa désignation de Bayer (un système d'appellation des étoiles introduit par l'astronome Johann Bayer en 1603).

Alpha Centauri A et Alpha Centauri B sont des étoiles binaires. Si on vivait sur une planète en orbite autour de l'une d'elles, on verrait à certains moments deux soleils dans le ciel !

— Oui ! s'exclama Georges. Continuons et découvrons qui nous envoie ces messages !

— J'appelle le portail, décréta Éric.

De l'autre côté du cratère, l'aube se dessinait dans le ciel, tandis qu'Alpha B flottait au-dessous de l'horizon.

— Emmett ! Une chance qu'on revienne sur Terre ?

— Pas encore, répondit celui-ci. Mais j'ai plutôt de bonnes nouvelles…

— Tu nous as trouvé la planète idéale, de la taille de la Terre, dans la zone habitable galactique ?

— Affirmatif, répondit Emmett d'une voix assez faible. Enfin… nous avons trouvé quelque chose qui correspondrait. C'est une lune…

— Cosmos s'en sort ? demanda Éric.

— Mon petit, intervint Louise, n'oublie pas que j'ai promis aux parents de Georges qu'il ne lui arriverait rien pendant ces vacances. Je vais avoir beaucoup de mal à expliquer à Rosemarie et à Daniel que leur fils…

— Cosmos fonctionne, l'interrompit Emmett, nerveux. J'ai presque fini de mettre à jour le portail de retour. Je vous ramènerai dès que j'aurai terminé. Pouvez-vous attendre ?

Des rayons lumineux éblouissants survolaient le cratère et chassaient les ombres ténébreuses.

— Non, nous ne pouvons pas rester ici plus longtemps. Envoie-nous plus loin, Emmett. Et ne vous inquiétez pas, Louise. Nous serons vite de retour.

LA ZONE HABITABLE GALACTIQUE

Notre galaxie, la Voie lactée, contient au moins 100 milliards de planètes rocheuses. Notre Système solaire en compte quatre – Mercure, Vénus, la Terre et Mars – mais seule la Terre accueille la vie.

Qu'est-ce qui rend la Terre si spéciale?

La réponse est l'eau, surtout sous sa forme liquide. L'eau est LE mixeur à produits chimiques. Sa spécialité est de les briser, les éparpiller et les rassembler à nouveau sous forme de nouvelles briques biologiques : protéines, ADN, etc. Sans eau, la vie semble improbable.

Le maintien de la vie dépend de la température de la planète, qui doit se situer entre 0 °C et 100 °C afin de conserver l'eau sous sa forme liquide.

Une planète qui gravite trop près de son étoile reçoit tellement d'énergie solaire qu'elle atteint des tempé-

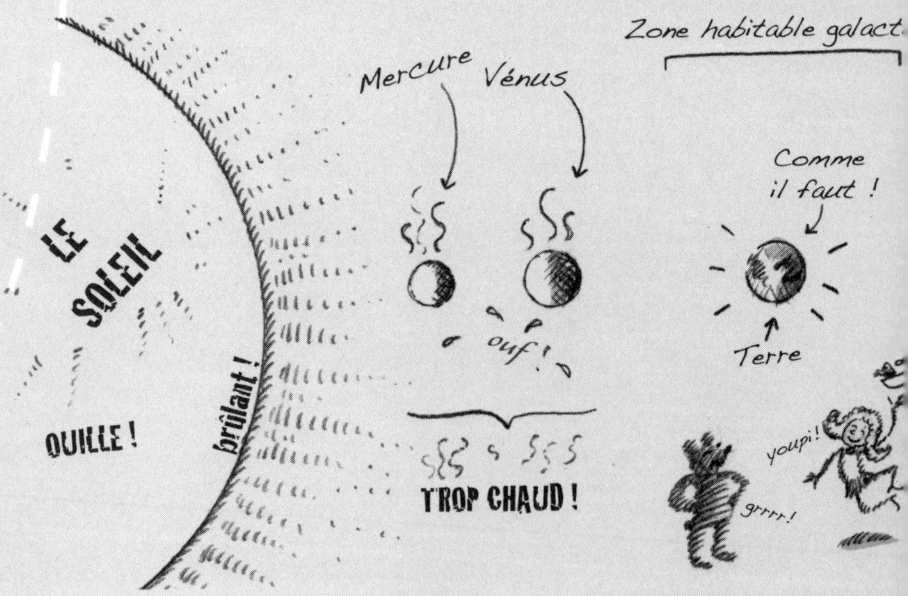

ratures caniculaires. Toute eau se transforme alors en vapeur.

Les planètes trop éloignées de leur soleil reçoivent, elles, très peu d'énergie lumineuse et sont par conséquent trop froides pour que la glace fonde. Les pôles Nord et Sud de Mars, par exemple, sont piégés dans la glace.

À une certaine distance de toute étoile, une planète reçoit autant de lumière qu'elle émet de chaleur. Cet équilibre énergétique sert de thermostat. Il préserve une certaine tiédeur qui permet aux eaux des lacs et des océans de demeurer liquides. Dans cette « zone habitable galactique » autour d'une étoile, n'importe quelle planète peut rester chaude et baignée d'eau pendant des millions d'années, offrant ainsi les conditions de l'épanouissement de la chimie de la vie.

Geoff

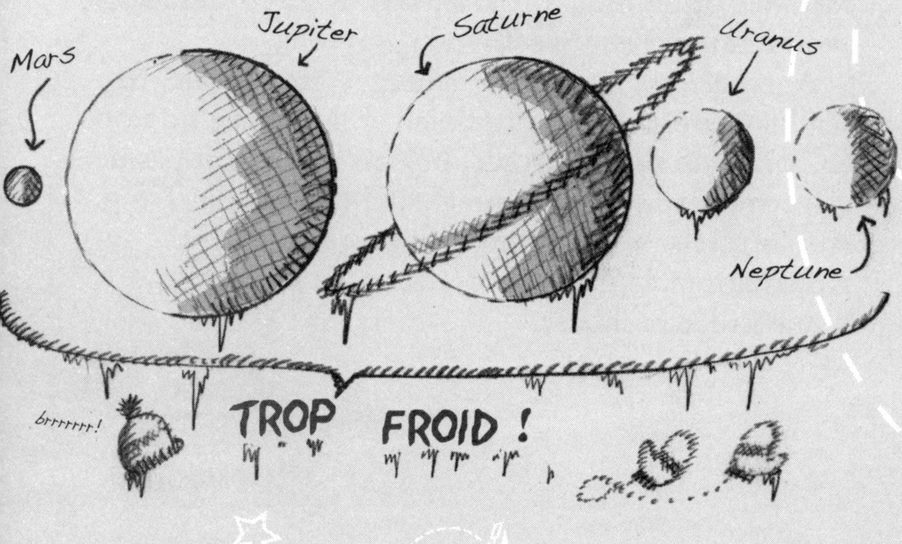

Chapitre 15

Quand Georges, Annie et Éric traversèrent le portail, l'éblouissante étoile Alpha B se levait au-dessus de la lourde et chaude planète. Écrasés par la gravité, ils passèrent les pieds en avant. Éric se redressa au dernier moment pour entraîner les enfants à sa suite.

De l'autre côté du portail, ils furent soulagés de découvrir qu'ils pouvaient se mettre debout sur ce nouvel endroit rocailleux. Ils ne flottaient pas et n'étaient pas écrasés. Ils se sentaient juste normaux, capables de se mouvoir aisément, sans cordes, sans avoir à ramper sur le sol.

Agréable, la lumière émanait d'une étoile ressemblant un peu à notre Soleil. Elle n'était ni trop éblouissante ni trop froide, puisqu'il n'y avait pas de glace sur les roches, comme sur Mars ou sur Titan. Au loin, ils entendirent un gargouillement. Apparemment, ils avaient atterri au fond d'une vallée rocheuse.

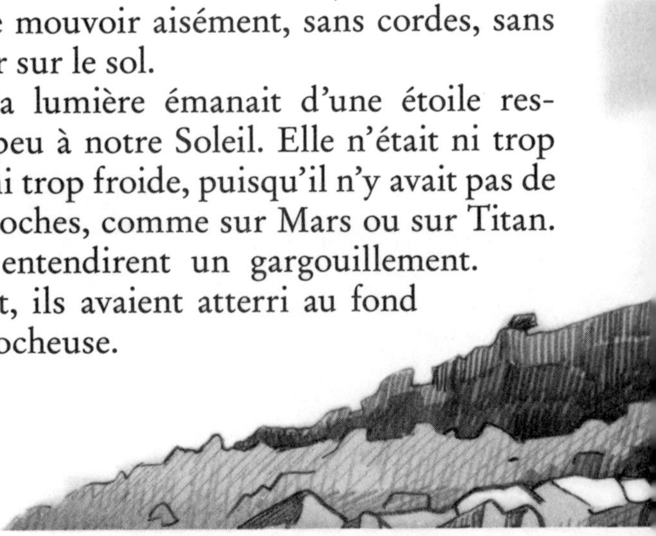

— Quel est ce bruit ? demanda Annie. Et où sommes-nous ? Sur Terre ?

— On dirait de l'eau, suggéra Georges. Par contre, je n'en vois nulle part.

— Nous sommes dans le système stellaire 55 Cancri, leur apprit Éric. C'est un système binaire. L'étoile qui brille dans le ciel est une naine jaune, comme notre Soleil. Plus loin, il existe une naine rouge.

Emmett s'adressa à eux depuis la Terre :

— Vous vous trouvez sur une lune de la cinquième planète autour de 55 Cancri A, dans la zone galactique habitable de son étoile. La planète est une géante gazeuse qui mesure environ la moitié de Saturne. Je me suis dit que vous n'aimeriez pas vous poser là-bas.

— Bon travail, Emmett, le complimenta Éric. Je n'avais pas spécialement envie de traverser des couches de gaz. Pas aujourd'hui, en tout cas. Bien choisi.

55 CANCRI

55 Cancri est un système stellaire situé à 41 années-lumière de nous dans la direction de la constellation du Cancer. C'est un système binaire : 55 Cancri A est une étoile jaune ; 55 Cancri B est une étoile naine rouge, plus petite. Ces deux étoiles sont en orbite l'une autour de l'autre à 1000 fois la distance entre la Terre et le Soleil.

Le 6 novembre 2007, des astronomes ont découvert une cinquième planète en orbite autour de 55 Cancri A – un record ! C'est la seule étoile, à part notre Soleil, qui en possède autant !

La première planète en orbite autour de 55 Cancri A a été découverte en 1996. Nommée Cancri B, elle mesure la taille de Jupiter et gravite près de l'étoile. En 2002, c'était au tour de deux autres planètes (Cancri C et Cancri D), puis il y a eu Cancri E en 2004. De la même taille que Neptune, elle met 3 petits jours pour graviter autour de Cancri A. La température à la surface de cette planète avoisine les 1500 °C : un peu chaud, non ?

La cinquième planète, Cancri F, possède une masse équivalente à la moitié de celle de Saturne et se trouve dans la zone habitable de son étoile. Cette planète est une boule de gaz géante, composée d'hélium et d'hydrogène, comme Saturne dans notre Système solaire. Il se peut qu'il y ait d'autres lunes en orbite autour de Cancri F ou des planètes rocheuses à l'intérieur de la zone habitable galactique de Cancri dont la surface accueille de l'eau liquide.

Cancri F gravite autour de son étoile à une distance de 0,781 UA, ou unités astronomiques. L'unité astronomique est la mesure de la distance utilisée par les astronomes pour parler d'orbites et de distances depuis les étoiles. Une UA = 150 millions de kilomètres, ce qui est la distance moyenne entre la Terre et le Soleil. Étant donné qu'il y a de la vie sur Terre et de l'eau liquide à la surface de notre planète, nous pouvons affirmer que 1 UA ou 150 millions de kilomètres de notre Soleil se trouve à l'intérieur de la zone habitable de notre Système solaire. Ainsi, pour des étoiles de la masse, de l'âge et de la luminosité de notre Soleil, on peut supposer qu'une planète en orbite autour de son étoile à environ 1 UA se situe dans la zone habitable galactique. Cancri A est une étoile plus vieille et plus terne que notre Soleil. Les astronomes ont calculé que sa zone habitable se trouve entre 0,5 UA et 2 UA de distance, ce qui place Cancri F en bonne position !

Il est très difficile de repérer des planètes multiples autour d'une étoile parce que chaque planète produit ses propres oscillations stellaires. Pour découvrir plus d'une planète, les astronomes doivent repérer des oscillations à l'intérieur des oscillations ! Les astronomes de Californie ont surveillé 55 Cancri pendant plus de 20 ans avant d'effectuer ces découvertes !

© NASA/JPL-CALTECH/SCIENCE PHOTO LIBRARY

Vue d'artiste comparant la taille du système 55 Cancri (à gauche) avec celle d'un petit système stellaire nain et brun dans la constellation du Caméléon (en haut à droite).

Ravis de pouvoir de nouveau bouger sans difficulté, les enfants étirèrent bras et jambes.

— On peut enlever notre casque ? demanda Annie.

— Absolument pas ! s'écria Éric. Nous n'avons aucune idée de la composition de l'atmosphère. Laisse-moi vérifier ta jauge d'oxygène.

Il examina son réservoir d'air, qui s'approchait de la zone rouge de manière inquiétante. Puis il se tourna vers celui de Georges, qui demeurait dans la zone verte. Sans leur dire un mot, il interpella Emmett :

— Tu sais dans combien de temps nous pourrons retourner sur Terre ?

— J'ai faim, gémit Annie. Tu crois qu'il y a quelque chose à manger ici ?

— À mon avis, personne n'a encore ouvert de restaurant à l'autre bout de l'Univers, plaisanta Georges.

— Nous ne sommes pas encore au bout de l'Univers, rectifia Éric, qui attendait la réponse d'Emmett. Loin de là. En vérité, la Terre est assez proche, à juste quarante et une années-lumière d'ici ! Nous n'avons même pas quitté notre galaxie. En termes d'Univers, cela équivaut au voyage qu'a fait Georges pour nous rejoindre aux États-Unis. Un voyage un peu long, mais pas épique du tout.

— Et l'indice ? lui rappela Georges. Nous devrions peut-être nous mettre à la recherche d'un nouvel indice ? C'est vrai, ne sommes-nous pas censés sauver la planète Terre d'un extraterrestre hostile ?

— Hum... marmonna Éric, que le silence d'Emmett angoissait. Si tu veux mon avis, celui qui nous a envoyé ces messages a voulu nous effrayer. Je ne vois pas ce qui pourrait actuellement détruire une planète entière. Il faudrait une énergie supérieure à ce que nous avons généré depuis la nuit des temps pour faire exploser la Terre. Ce n'était qu'une menace destinée à s'assurer que nous n'ignorions pas les messages.

— Mais s'ils provenaient d'extraterrestres hyper puissants ? intervint Annie. Qui sait si une super espèce ne vit pas dans le cosmos ? Ces messages n'ont pas pu être envoyés par des bactéries !

— C'est ce que nous essayons de découvrir ! Annie…

Le ton d'Éric avait changé.

— Si tu t'asseyais pour te reposer ? Ne parle pas pendant quelques minutes, histoire de récupérer un peu de forces.

— Mais je ne veux pas me taire ! J'aime parler ! C'est ce que je préfère… Avec le football. Je suis douée au foot. Et en astronomie, je suis calée, pas vrai, papa ?

— Je sais, chuchota Éric. Mais ta jauge d'oxygène est un peu basse. Alors je veux que tu te tiennes tranquille, jusqu'à ce qu'Emmett nous donne le feu vert pour rentrer.

Pendant ce temps, Georges examinait les alentours, scrutait les ravins et les montagnes de cette planète rocailleuse afin de découvrir d'où provenait le bruit qu'ils avaient entendu. Soudain, à l'autre extrémité de la vallée, quelque chose remua.

— Là-bas, indiqua-t-il à Éric dans un souffle, pendant qu'Annie s'asseyait.

— Ça bouge, marmonna Éric. Qu'est-ce que c'est ?

Comme la chose avançait dans l'ombre, ils distinguaient à peine ses contours. On aurait dit une tache noire qui glissait lentement vers eux.

— Georges… Appelle Emmett tout de suite ! le pressa Éric. Dis-lui que nous avons un extraterrestre dans notre champ de vision. Qu'il ouvre le portail et vous rapatrie, Annie et toi, immédiatement !

— Emmett… Emmett… répéta Georges. Nous avons besoin de toi…

La silhouette se dessinait sur le côté sombre du ravin, ombrée par les rayons de Cancri A, l'étoile naine jaune.

Au bout de quelques secondes, Georges et Éric remarquèrent deux petits points rouge vif qui brillaient en son centre, telle une paire d'yeux très en colère.

— Annie, lève-toi et mets-toi derrière moi ! ordonna Éric. Nous avons un extraterrestre en approche.

Annie ne se le fit pas dire deux fois ! Tandis que la silhouette progressait, les deux lumières rouges étincelaient d'une fureur démoniaque. La créature ressemblait à un être humain vêtu de noir, aux yeux écarlates en incandescence dans son ventre.

— Reculez ! cria Éric. Qui que vous soyez, n'avancez pas davantage !

La chose continua néanmoins à se rapprocher. Elle sortit de l'ombre et apparut dans la lumière.

— Tiens donc, Éric, gronda une voix rauque dans leurs trois transmetteurs. Comme on se retrouve !

Chapitre 16

— Non ! Pas T-Rex ! hurlèrent en chœur Annie et Georges.

Devant eux, vêtu d'une combinaison spatiale noire et d'un casque avec une visière de la même couleur, les narguait l'adversaire redoutable d'Éric, le professeur Tiburce Rex, l'ami et collègue d'autrefois qui était devenu son pire ennemi.

Un an plus tôt, le professeur Rex avait endossé l'identité d'un enseignant dans le collège de Georges, puis Éric lui avait donné l'occasion de recommencer sa vie ailleurs. Alors que cet homme avait essayé de le jeter au fond d'un trou noir et de lui voler son fascinant ordinateur, Éric était convaincu qu'il ne fallait pas punir Rex.

Il semblait à présent qu'Éric avait commis une terrible erreur. Dans cette combinaison noire sur une lune lointaine, Rex paraissait mille fois plus dangereux que lors de leur dernière rencontre.

Rex n'était pas seul. Dans ses mains, il tenait une sorte de petit animal aux yeux rouge vif et luisants. Ses pattes grattaient les gants spatiaux brillants de Rex.

— Oh ! Regardez ! s'exclama Annie. Il a trouvé une jolie petite peluche, sur cette planète !

La fillette fit un pas en avant, mais Éric posa le bras sur son épaule pour l'empêcher de s'approcher. Tandis que la créature sifflait et montrait les crocs, Rex lui caressa la tête d'une main.

— Là, là, la rassura-t-il. Ne t'inquiète pas, Pooky. Nous nous débarrasserons d'eux bien assez vite.

— Jamais tu ne nous détruiras, Rex, le défia Éric.

Derrière lui, Georges tentait désespérément de joindre Emmett.

— Georges ! se rappela Rex avec nonchalance. C'est toi qui as ruiné mes plans, la dernière fois ! Comme c'est gentil à toi, Éric, de l'avoir conduit ici. Quelle bonne idée !

L'animal exprima son approbation par un feulement.

— Et voici ta fille. Charmante, à ce que je vois.

— Rex, tu peux te venger sur moi autant que tu le voudras, dit Éric. Mais ne touche pas aux enfants. Laisse-les partir.

— Les laisser partir ? répéta Rex, comme s'il envisageait cette possibilité. Qu'en penses-tu, Pooky ?

Il gratta la tête de l'animal.

— Devrions-nous laisser partir les enfants ?

Pooky siffla longuement.

— Le problème, continua Rex, c'est qu'ils n'ont nulle part où aller. Et aucun moyen de s'y rendre. Je sais que vous tentez d'appeler votre cher ami Cosmos, et c'est très touchant de voir à quel point vous lui faites confiance. Si vous voulez un conseil, économisez votre oxygène parce que Pooky, ici présent, envoie un signal de blocage très fort.

— Pardon ? s'écria Éric. C'est quoi, Pooky ?

— Mon cher petit Pooky, expliqua Rex, est mon meilleur ami. Cette mignonne bestiole est aussi deux fois plus puissante que Cosmos, et beaucoup plus petite. Un nano-Cosmos, en quelque sorte. Je l'ai déguisé en hamster. Qui chercherait un super-ordinateur dans la cage d'un hamster ?

— Tu es parvenu à construire une nouvelle version de Cosmos ?

— À quoi croyais-tu que je jouais pendant tout ce temps ? Tu pensais que je pourrais tirer un trait sur le passé ? Te pardonner ?

Il prononça ce dernier mot sur un ton plutôt inquiétant.

— Le pardon est une invention des gens heureux, Éric. Des gens comme toi, qui ont toujours tout ce qu'ils veulent. C'est facile pour toi de pardonner, avec ta superbe carrière, ta merveilleuse famille, ta jolie maison et ton super-ordinateur si dévoué. La vie t'a gâté, Éric. Mais, aujourd'hui, la roue tourne.

— Rex, pourquoi nous as-tu conduits jusqu'ici ? Pourquoi as-tu disséminé ces indices ?

— Tu as enfin deviné que j'en étais l'auteur ! soupira Rex. Tu as mis le temps ! Nous envoyons des messages à Cosmos depuis des semaines ! On commençait à croire que tu ne mordrais jamais à l'hameçon. Je t'ai connu moins lent ! Et, avant que tu le demandes, oui : je me suis bien amusé avec ton joli petit robot, Homer. Pooky l'a intercepté pendant sa descente et est parvenu à modifier sa programmation. J'étais persuadé que tu remarquerais l'étrange comportement de Homer, mais non, tu as mis des siècles à réagir. Quel amateur, cet Éric ! J'attendais mieux de ta part.

— Ce n'était pas Éric ! s'écria Georges en faisant un pas en avant. Mais nous. Nous avons déchiffré les indices. Nous vous avons suivi.

— Merveilleux : un mini-Éric ! ironisa Rex. Un autre disciple ! Quel gâchis…

— Recule, Georges, dit Éric. Et continue d'appeler Cosmos. J'ai peur que ce nano-ordinateur ne soit aussi puissant que Rex le prétend.

Ce dernier éclata d'un horrible rire.

— Tu te crois toujours le plus intelligent ? aboya-t-il. Monsieur cherche des signes de vie dans l'Univers. Mais tu ne m'arrives pas à la cheville. Voilà pourquoi je t'ai fait venir ici : pour te le prouver.

— Prouver quoi ? grogna Éric. Tu ne prouves rien du

tout, Rex. Excepté que nous avions raison de t'éloigner de Cosmos pendant toutes ces années.

— Saint Éric, priez pour nous. Les connaissances scientifiques au service de l'humanité, laisse-moi rire ! En quoi as-tu rendu service à l'humanité, hein ? Ta précieuse espèce humaine est en train de détruire la planète sur laquelle elle vit. Pourquoi n'aiderais-tu pas les hommes à atteindre leur objectif plus rapidement ? Débarrassons-nous de la Terre et de ces abrutis pour mieux recommencer de zéro. Dans un endroit tel que celui-ci. Une nouvelle planète. Voilà pourquoi je t'ai attiré ici, Éric. J'ai accompli ta mission. J'ai découvert un endroit où la vie pourrait démarrer, où des êtres intelligents pourraient prospérer, où il existe peut-être déjà des formes de vie.

Il leur montra une fiole de liquide transparent.

— J'ai découvert ceci : l'élixir de la vie.

— Comment peux-tu savoir que c'est de l'eau ?

— En tout cas, quoi que ce soit, je l'ai trouvé avant toi. Moi, Éric. Pas toi ! J'ai découvert la nouvelle planète Terre. Elle m'appartient, et je contrôle son accès. Quand la Terre finira par exploser – boum ! –, je serai également responsable de l'espèce humaine.

À présent, les yeux du hamster cosmique brillaient tel un brasier. Plus Rex parlait, plus ses pattes remuaient d'impatience.

Éric secoua la tête.

— Rex, tu n'es qu'un looser.

— Non, c'est faux ! s'énerva-t-il. Je suis un vainqueur !

— Tiburce... Tu n'aimes pas l'humanité. Tu penses que nous détériorons la planète. Tu préfères garder tes connaissances scientifiques pour toi et tu comptes les partager en échange de grosses sommes d'argent. Pour toutes ces raisons, tu es un looser fini. Tu t'es coupé de tout ce qui est bon, utile, intéressant, beau... de tout ce qui est humain, en résumé. Regarde ta version de Cosmos. Cette chose est répugnante ! En plus, je crois qu'elle perd ses poils.

Pooky n'apprécia pas le compliment. Rex, lui, se balançait d'avant en arrière dans ses bottes spatiales tellement il était furieux.

Dans le dos d'Éric, Annie fit signe à Georges avec ses doigts. Lentement, en silence, elle commença le compte à rebours : *Cinq, quatre, trois, deux, un, ZÉRO !* Là, les deux enfants chargèrent, tête baissée, et donnèrent à Rex un coup au torse avec leurs casques ronds.

Georges s'empara de Pooky et s'éloigna en courant pendant qu'Annie donnait au professeur un coup de pied dans le ventre. L'attaque soudaine le déséquilibra, et Rex tomba en arrière en grommelant. La fiole lui échappa des mains et se brisa sur une pierre. Le liquide s'infiltra dans le sol. Éric se précipita vers sa fille et posa sa botte sur la poitrine de Rex.

— Tiburce, nous n'avons pas choisi la science dans ce but. Nous l'avons choisie parce que nous étions fascinés et enthousiastes, parce que nous voulions explorer l'Univers et découvrir ses secrets. Nous voulions comprendre et écrire un nouveau chapitre dans l'Histoire de l'humanité. Nous faisons partie d'une grande tradition, nous utilisons le savoir de nos prédécesseurs afin de progresser encore et toujours dans cet étonnant Univers qui nous accueille, afin de comprendre pourquoi nous sommes ici et comment tout a commencé. C'est notre travail, Tiburce. Nous avançons en partageant nos connaissances. Nous ne les gardons pas, nous. Nous expliquons, nous enseignons, nous cherchons. Nous faisons avancer l'humanité chaque fois que nous divulguons nos secrets. Notre but est de créer un monde meilleur, peu importe la planète; pas de découvrir un monde nouveau et de le conserver pour nous.

Rex ne semblait pas l'écouter.

— Rends-moi Pooky ! ordonna-t-il à Georges. Il est à moi. Tu m'as déjà volé Cosmos. Ne me prends pas mon hamster, je ne peux pas vivre sans lui.

— Pooky n'est qu'un outil, lui rappela Éric. Comme Cosmos.

— Non ! Ce n'est pas vrai ! Tu dis ça parce que tu possèdes Cosmos alors que tu n'en as même pas besoin ! Toi, tu peux comprendre l'Univers. Pas moi !

Voilà pourquoi je voulais tant Cosmos, Éric. Tu ne sauras jamais à quoi ressemble ma vie, toi, le génie ! Tu ignores tout de l'existence des gens ordinaires. Comme moi.

Il se mit à sangloter.

De son côté, Georges bataillait pour retenir Pooky.

— Annie, comment on l'éteint ?

— Caresse-lui la tête, proposa Annie. Rex avait la main sur son front, tout à l'heure. Son tableau de commande doit se trouver là.

— Impossible ! Il va m'échapper ! Vas-y, toi !

— Si tu insistes…

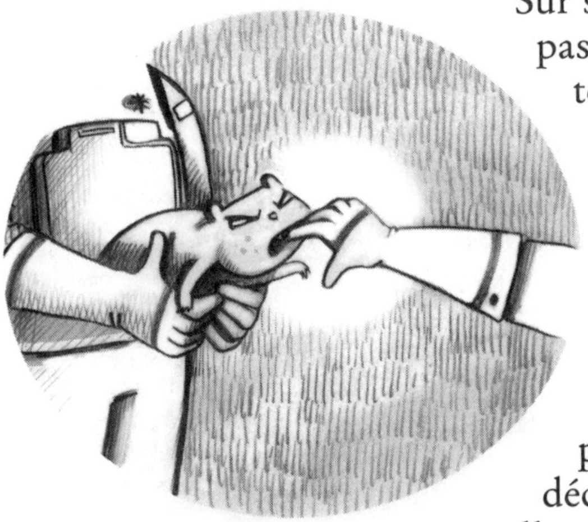

Sur ses gardes, Annie fit un pas en avant. Quand elle tendit la main, Pooky lui mordit le doigt. La fillette se dépêcha de vérifier son gant spatial. Par chance, l'horrible créature ne l'avait pas transpercé – sa combinaison la protégeait encore. Annie décida de tenter une nouvelle approche. Elle agita sa main droite devant le hamster pour détourner son attention et, de la gauche, elle lui toucha la tête, frotta avec énergie…

La seconde suivante, la voix d'Emmett leur parvenait avec limpidité :

— Annie ! Georges ! Éric ! Je n'arrivais pas à vous joindre !

— Ouvre vite le portail ! lui commanda Georges. Nous revenons sur Terre.

Emmett s'affola.

— Cosmos ne dispose pas d'assez de mémoire. Il a besoin de l'aide d'un autre ordinateur pour vous ramener.

— Un autre ordinateur ? répéta Georges. Où crois-tu que nous en trouverons un ? Nous sommes sur une lune qui gravite autour d'une planète, à quarante et une années-lumière de toi ! Les magasins ne courent pas les rues, ici !

Soudain, Georges, Annie et Éric eurent la même idée.

— Pooky !

Chapitre 17

Sur la planète rocailleuse, Éric plaquait toujours Rex au sol sous sa botte.

— Tiburce, nous avons besoin de ton aide. Connecte Pooky à Cosmos pour qu'il ouvre un portail et que nous puissions tous rentrer à la maison.

— Vous renvoyer sur Terre ? s'écria Rex. Jamais ! Je refuse de vous aider ! Et puis, mon réservoir d'oxygène est plus grand que le vôtre. Quand vos réserves seront épuisées, je reprendrai Pooky, et vous serez coincés ici à jamais. Le jour où je reviendrai, je doute que vous vous mettrez à nouveau en travers de mon chemin !

Alors qu'il ne lui restait presque plus d'air, la courageuse petite Annie prit la parole :

— Pourquoi haïssez-vous autant les gens ? Pourquoi souhaitez-vous tout détruire ?

— Fillette, répondit Rex, je déteste mes semblables parce qu'ils me détestent. Depuis que j'ai été exclu de l'Ordre de la quête scientifique pour le bien de l'humanité, ma vie est un enfer. Tout ce temps, j'ai vécu dans

les ténèbres et le désespoir. Aujourd'hui enfin, le vent tourne.

— Faux, déclara Georges.

Pooky avait cessé de se contorsionner. Blotti dans les mains de Georges, il donnait l'impression de s'endormir. Apaisés, ses yeux rouges viraient au jaune.

— Vous serez toujours triste et aigri, continua Georges. Même si vous nous abandonnez ici sans possibilité de retour, vous ne serez pas heureux. Ce geste ne vous apportera aucun ami et ne vous rendra pas plus intelligent. Vous resterez seul avec votre stupide hamster.

Pooky poussa un cri d'indignation.

— Désolé, Pooky… ajouta Georges, qui commençait à s'attacher au petit ordinateur à fourrure. Revenons à votre histoire : vous saviez que vous aviez enfreint les règles de l'Ordre et violé son Serment.

— Ah oui… Le Serment… répéta Rex, l'air rêveur.

Cela fait tellement longtemps. Comment ai-je pu oublier de telles sottises ? *Je jure d'utiliser…*

Annie s'apprêtait à compléter quand Georges l'obligea à se taire.

— Non, Annie. Économise ton oxygène.

Georges récita le Serment qu'il avait prononcé afin de rejoindre l'Ordre, le jour de sa rencontre avec Éric.

— Je jure d'utiliser mes connaissances scientifiques pour le bien de l'humanité. Je promets de ne jamais faire de mal à un être humain ou à un animal dans ma quête de savoir. Je devrai me montrer courageux et prudent dans mes recherches sur les mystères qui nous entourent. Je ne devrai pas utiliser mes connaissances scientifiques pour mon profit personnel ni les transmettre à ceux qui cherchent à détruire la merveilleuse planète sur laquelle nous vivons. Si je trahis ce Serment, que la beauté et les prodiges de l'Univers me soient à jamais cachés. Vous avez trahi le Serment. Voilà pourquoi vous menez une vie misérable.

— Ah oui ? s'exclama Rex. Et comment en suis-je arrivé là ? Vous êtes-vous posé la question ? Pourquoi ai-je agi ainsi en sachant que j'avais tout à perdre ?

— Je ne sais pas, chuchota Annie.

— Pourquoi ne demandes-tu pas à ton père ? suggéra Rex en s'agenouillant.

Éric ne le plaquait plus au sol, mais lui tournait à présent le dos.

— Papa ?

— Cela remonte à si longtemps, marmonna Éric. Nous étions si jeunes, à cette époque…

— Raconte, papa, insista Annie, malgré ses vertiges.

— Oui, raconte ! répéta Rex en se relevant. À moins que tu ne préfères m'écouter. Personne ne partira d'ici sans avoir entendu notre histoire.

— Tiburce et moi étudiions ensemble, commença lentement Éric. Notre directeur de labo était le plus grand cosmologiste qui ait jamais existé. Il voulait

découvrir comment l'Univers était né. Tiburce, lui et moi avons construit le premier Cosmos, qui était très différent de l'actuel. À l'époque, il fallait le sous-sol d'un bâtiment universitaire pour le contenir.

— Continue, lui ordonna Rex, ou personne ne rentre à la maison. Jamais.

— Ceux d'entre nous qui utilisaient Cosmos ou qui travaillaient sur lui formaient la première branche de l'Ordre de la quête scientifique. Sachant que nous

détenions un outil très puissant, nous devions nous montrer prudents. Tiburce a prêté serment et, au début, lui et moi faisions équipe. Puis il a adopté un comportement étrange…

– N'importe quoi ! s'énerva T-Rex. C'est faux ! Tu ne me laissais jamais seul. Tu me suivais partout, tu regardais mes notes pour mieux les copier et te les accaparer. Tu voulais t'approprier mon travail et t'en attribuer toute la gloire !

— Non, Tiburce, intervint Éric. Je souhaitais travailler avec toi, ce que tu n'as jamais voulu. Nous savions que tu effectuais des recherches en cachette. Notre directeur de labo m'avait demandé de garder un œil sur toi.

— Ohhhh ! s'écria Rex, surpris. Je l'ignorais.

— Voilà pourquoi je t'ai suivi ce fameux soir où tu as utilisé seul Cosmos. Nous avions une règle, alors : personne ne devait se servir seul de Cosmos. Tiburce a désobéi. Une nuit, il est entré dans l'université, et je l'ai pris sur le fait.

— Que faisait-il ? demanda Georges.

— Il voulait se servir de Cosmos pour assister au Big Bang. Vous comprenez le danger. Nous ignorions les conséquences qu'aurait eues la vue d'une telle explosion, même *via* un portail créé par Cosmos. Nous avions déjà tenté de convaincre notre directeur de labo. Sa réponse avait été non. Tant que nous n'en saurions pas davantage sur les débuts de l'Univers et sur Cosmos, nous ne devions pas l'utiliser pour enquêter sur le Big Bang.

— Les imbéciles ! hurla Rex. Vous n'êtes que des imbéciles ! Nous aurions pu découvrir ce qui a créé l'Univers ! C'était la seule manière ! Il fallait que je sache ce qui s'était passé au début de tout.

— Le risque était trop grand. Souviens-toi, nous avions juré de ne blesser personne dans notre quête de savoir. J'avais deviné que tu désirais voir les premières secondes du temps. Quand je t'ai suivi, ce soir-là…

Chapitre 18

Il faisait froid, cette fameuse nuit, dans la ville universitaire où étudiaient Tiburce et Éric. L'air était gelé, et le vent traverçait les manteaux les plus épais. Ils vivaient dans la même université, qui disposait de chambres au-dessus de la cour. Les pavés étaient si anciens qu'au fil des siècles, les pas de générations d'étudiants les avaient usés. Un grand silence régnait, cette nuit-là. Les gazons d'un vert parfait prenaient une teinte indigo sous le clair de lune qui étincelait dans le ciel sans nuages. L'horloge de la tour sonnait onze heures quand Éric pénétra dans le bâtiment, qui ressemblait plus à un château fort qu'à une faculté.

— Bonsoir, professeur Bellis, le salua le concierge, coiffé d'un chapeau melon, quand le jeune homme passa devant sa loge pour aller prendre son courrier.

Tandis qu'il examinait les enveloppes dans sa case, Éric surprit le regard du concierge. Il leva les yeux et sourit.

— Cela fait un moment que vous n'avez pas dîné ici, professeur Bellis, remarqua l'homme.

Les membres de cette vénérable institution avaient le

droit de manger tous les soirs dans le grand réfectoire en chêne, orné des portraits d'élèves des siècles passés.

— J'étais très occupé, répondit Éric.

Il fourra ses lettres dans son vieux cartable tout avachi et resserra son écharpe autour du cou. Il faisait toujours très froid à l'intérieur des bâtiments, parfois plus qu'en ville, si bien qu'Éric quittait rarement son écharpe en hiver. Dans sa chambre glacée, il était obligé, pour dormir, de mettre sa veste en tweed pardessus son pyjama, et d'enfiler deux paires de chaussettes et un bonnet en laine.

— Je n'ai pas beaucoup vu non plus le professeur Rex, ajouta le concierge.

Éric se rappela alors qu'un concierge sait, voit et entend tout. Il ne fréquentait plus trop l'université, ces derniers temps, parce qu'il pistait Rex, qui, de toute évidence, cherchait à lui fausser compagnie.

— Le professeur Rex est-il là, ce soir ? demanda-t-il sur le ton de la conversation.

— Oui, et c'est bizarre, il a insisté pour que vous en soyez averti. Un problème, professeur Bellis ?

Éric ôta ses lunettes et se frotta les yeux. Il était épuisé. À force de suivre Rex d'une part et de travailler d'autre part, la fatigue prenait le dessus.

— Non, tout va bien, affirma-t-il.

— Vous ne serez pas les premiers, déclara le concierge. On est amis au début, et puis la compétition s'installe. En général, ça ne se termine jamais bien.

— Merci, soupira Éric avant de traverser la cour principale.

À pas lents, il monta l'escalier qui menait à sa chambre. Après avoir allumé le minuscule radiateur électrique, il s'approcha de la fenêtre.

De l'autre côté de la cour, la lumière était allumée chez Rex. Éric se demanda si enfin il dormirait une nuit complète ou s'il devrait se réveiller toutes les heures, au cas où Rex sortirait sans lui. Il tira les rideaux et s'assit dans un fauteuil. À cet instant, l'ampoule claqua, plongeant la pièce dans l'obscurité. Éric resta assis là quelques minutes, peu pressé d'aller se laver les dents dans sa salle de bains glaciale. Il finit par se lever et, instinctivement, jeta un coup d'œil entre les rideaux. Une silhouette traversait la cour à pas de loup, suivie par sa longue ombre sous le clair de lune.

Las, Éric enfila une veste en tweed supplémentaire et sortit de sa chambre. Il se mit une nouvelle fois à la poursuite de Tiburce Rex, qui faisait le mur.

Éric n'avait pas besoin de talonner Rex pour savoir où il se rendait. Cependant, il fallait l'empêcher de faire trop de dégâts. Le guidon de son vélo était gelé, et pédaler sur les routes verglacées représentait un exercice lent et périlleux. Le temps qu'il arrive au bâtiment qui abritait Cosmos, ses doigts étaient bleus et engourdis par le froid, si bien qu'il peinait à les remuer.

Après avoir soufflé sur ses mains, il palpa son trousseau de clés et entra.

— Qu'avez-vous trouvé ? l'interrompit Georges, impatient de savoir la fin.

— Moi, répondit Rex, sur le point d'effectuer la plus grande découverte dans l'histoire universelle des connaissances ! Et il a tout gâché... pour mieux m'accuser ensuite.

Les soupçons d'Éric étaient donc vrais. Après avoir dévalé l'escalier menant au sous-sol, Éric était tombé sur Rex, qui essayait d'utiliser Cosmos pour assister au Big Bang. Le portail était apparu, mais la porte demeurait close.

— Il fallait que je l'arrête, poursuivit Éric. Les conditions étaient si extrêmes au commencement de l'Univers – il faisait tellement chaud que l'hydrogène ne se formait même pas ! Rex ne mesurait pas la dangerosité de son geste. J'ignorais ce qui se trouvait de l'autre côté de la porte mais, d'une manière ou d'une autre, il fallait que j'empêche Tiburce de l'ouvrir.

— La curiosité ne vous titillait pas ? lui demanda Georges. Vous n'auriez pas aimé jeter un petit coup d'œil ? À une certaine distance, bien sûr.

— On ne peut pas voir le Big Bang de loin, répliqua Éric. Parce qu'il se produit partout. Il aurait mieux fait de le regarder avec un grand décalage vers le rouge.

— Un décalage vers le rouge ? répéta Georges. Comme lors de votre fête ?

— Exactement ! Tandis que la radiation émise peu après le Big Bang voyage jusqu'à nous et la Terre, elle devient plus rouge et moins puissante, expliqua Éric.

— Mais c'est justement ce que j'essayais de faire ! s'exclama Rex. Si tu avais pris le temps de me demander, au lieu de surgir au milieu de la pièce et de me plaquer au sol, je te l'aurais dit.

— Oh ! lâcha Éric.

En fait, il n'avait pas laissé à Rex l'occasion d'expliquer sa présence en ces lieux. Éric avait couru dans la pièce où était conservé Cosmos et s'était jeté sur Rex, qui se tenait près du portail. Au cours de la bagarre qui avait suivie, Éric avait tapé au hasard sur le clavier de Cosmos dans l'espoir de fermer le portail. Mais Rex s'était échappé puis précipité vers la porte, qu'il avait ouverte de force. Là, il avait découvert que le geste d'Éric avait accidentellement donné l'ordre à Cosmos de déplacer le portail vers un endroit totalement différent.

Rex avait ouvert la porte... sur le Soleil ! Alors qu'il avait placé ses mains sur son visage pour le protéger de son éclat, la chaleur l'avait brûlé au troisième degré. Gémissant, en larmes, il avait reculé pendant qu'Éric ordonnait à Cosmos de fermer le portail.

Éric avait tenté d'aider son collègue, mais celui-ci était sorti du bâtiment seul, en titubant, et avait disparu dans l'obscurité. Cette nuit-là, Rex avait, semblait-il, quitté la ville universitaire sans laisser d'autre choix à Éric que de demander à leur directeur de labo de le bannir à jamais de l'Ordre de la quête scientifique.

— Tu as ruiné mon existence ! cracha Rex. Oui, toi, Éric Bellis : tu as tout pris et tu ne m'as rien laissé. J'étais très gêné que tu m'aies surpris en train d'utiliser Cosmos en secret et je souffrais tellement, cette nuit-là, que je ne savais plus quoi faire. J'ai erré jusqu'à la route, puis j'ai couru aussi loin que mes jambes le pouvaient. J'ai dû m'évanouir parce que à mon réveil, je me trouvais à l'hôpital, à moitié aveugle et les mains affreusement brûlées. Au début, je ne me souvenais plus de mon nom. Puis, au fil des jours, la mémoire m'est revenue. J'ai insisté pour quitter l'hôpital et retourner à l'université afin de présenter mes excuses, mais à mon arrivée, j'ai appris mon bannissement, sans que je puisse donner ma version des faits. Tu avais veillé à ce que je ne remette jamais plus les pieds à la fac.

— Je cherchais à te protéger ! gronda Éric.

— De quoi ? aboya Rex.

— De toi !

— Eh bien, papa, on dirait que ton plan a échoué, intervint Annie, dans les vapes. Même s'il n'aurait jamais dû se servir de Cosmos seul – et nous n'en avons pas le droit non plus, professeur Rex, au cas où vous penseriez bénéficier d'un tarif préférentiel –, il a eu un grave accident, tu ne lui as pas accordé une seconde chance et tu as mis un point final à sa carrière dans la science.

— Il le méritait ! s'emporta Éric. Il connaissait les règles !

— Vite dit, murmura Annie. En définitive, il n'a pas vu le Big Bang. Tu croyais que c'était son intention, mais as-tu pris la peine de le lui demander ? C'est toi qui lui as fait courir un grand danger en changeant l'emplacement du portail. Il a eu cet accident un peu par ta faute.

— Par ma faute ? s'étonna Éric.

— Oui, enchaîna Annie. Il s'agit d'un malentendu depuis le début, et si tu lui avais présenté tes excuses dès le départ, nous ne serions pas coincés ici.

— Tu veux que je lui présente mes excuses ? répéta Éric, incrédule.

— Oui, répondit Annie avec beaucoup de fermeté. Et Rex le souhaite aussi. En signe de paix. Et nous pourrons peut-être retourner sur la Terre ensuite.

Éric marmonna dans sa barbe.

— Nous n'avons rien entendu ! s'exclama Georges.

— D'accord, d'accord, bougonna Éric. Rex... Je veux dire : Tiburce. Je suis... Je suis...

— Allez ! insista Annie. Avec gentillesse !

— Je suis dé... Je suis dé...

Éric butait sur le mot.

— Tu es quoi, exactement ? fit Rex.

— Je suis déso…

— Éric ! Dépêchez-vous ! s'écria Georges. Annie doit partir d'ici.

— Tiburce, commença Éric sur un ton décidé. Je suis… désolé. Je suis désolé pour ton accident et le rôle que j'ai joué. Je suis désolé de t'avoir banni sans te donner l'occasion de t'expliquer. Je suis désolé d'avoir agi aussi précipitamment.

— Ainsi, tu t'excuses… dit Rex, déboussolé.

— Oui, oui et oui. Tu étais mon meilleur ami, mon collègue préféré. Ensemble, nous serions devenus des scientifiques hors pair. Nous aurions effectué de fascinantes recherches, si seulement tu avais cessé de tirer la couverture à toi. Sache une chose, Tiburce : tu n'es pas le seul à avoir été blessé ce soir-là. Tu m'as manqué, la personne que tu étais avant de comploter dans mon dos m'a manqué. J'ai dû vivre avec un gros sentiment de culpabilité. Tu n'es pas le seul à avoir souffert. Alors arrête le mélodrame et évacue-nous d'ici tant qu'il nous reste un peu d'oxygène.

— J'ai perdu un ami, ajouta Rex, l'air triste. J'ai perdu mon métier de scientifique. Seules la haine et la vengeance me poussaient à agir. Si aujourd'hui tu n'es plus mon ennemi, que me reste-t-il ?

— Bon, ça suffit, intervint Georges. Éric s'est excusé. C'est à votre tour de dire quelque chose.

— D'accord, répondit Rex. Éric Bellis, j'accepte tes excuses.

Il fit une petite révérence.

— À votre tour maintenant, chuchota Annie.

— Pardon ? s'exclama Rex.

— Oui, à votre tour de vous excuser. Ça fonctionne

de cette manière. Papa a dit qu'il était désolé, maintenant c'est à vous.

— Pourquoi ?

L'ignorance de Rex paraissait sincère. Georges décida d'ajouter son grain de sel :

— Oh, je ne sais pas… Pour avoir volé Cosmos, jeté Éric dans un trou noir, promis de faire sauter la planète Terre si nous ne sillonnions pas l'Univers. J'en passe et des meilleures. Choisissez votre réponse préférée et présentez vos excuses.

— Dépêche-toi, Tiburce, grommela Éric.

— Bon… oui, dit Rex. Je suis désolé, moi aussi. Je regrette ma méchanceté. Je regrette d'avoir perdu tout ce temps. J'aimerais revenir à la science, la vraie science…

Il termina sur une note d'espoir et de mélancolie.

— Écoute, Tiburce. Le temps presse, mais tu veux retourner à la science ? D'accord. Tu as changé ? D'accord. Finissons-en : renvoie ma fille et Georges sur Terre avant qu'ils manquent d'air. Car, si cela se produit, je te jure que jamais je ne te pardonnerai et, où que tu sois dans l'Univers, je te retrouverai.

— Tu es sérieux ? demanda Rex. Je peux reprendre mes activités scientifiques ?

— Rentrons d'abord sur Terre. Après, nous en discuterons.

— Georges, ordonna Rex, caresse Pooky sur la tête pour le réveiller : tu l'as endormi.

Quand Georges lui ébouriffa doucement le sommet du crâne, le hamster remua dans ses mains.

— Pooky, poursuivit Rex, je veux que tu te connectes à un ordinateur sur Terre, celui que je t'ai demandé de bloquer. Tu vas travailler avec lui et créer un portail qui nous ramènera tous aux États-Unis.

Le hamster se réveilla complètement pendant que Georges appelait Emmett.

— Emmett ! Mamie ! Nous avons trouvé un autre ordinateur ! Nous avons besoin que Cosmos collabore avec

ce super-ordinateur et qu'ensemble ils nous créent un portail assez puissant pour nous rapatrier.

— Un autre ordi ! s'écria Emmett. Où ? Et puis vous fabriquiez quoi, là-haut ? J'ai remué ciel et terre pour vous récupérer.

— Tu ne crois pas si bien dire, remarqua Georges. La Terre était le dernier indice de la chasse au trésor cosmique. Il nous ramène à notre point de départ. Tiens-toi prêt : nous rentrons à la maison.

Pooky se redressa. Deux rayons lumineux jaillirent de ses yeux et dessinèrent une porte à la manière de Cosmos.

Pendant que se formait le portail qui les transporterait à travers l'Univers, Georges posa une dernière question :

— Professeur… À la fin de vos messages, vous disiez que vous détruiriez la planète Terre si nous ne les suivions pas à la lettre. Vous étiez sérieux ? Êtes-vous réellement capable de détruire une planète ?

— Ne sois pas idiot, se moqua Éric, qui tenait Annie aussi près que possible de la porte scintillante pour la pousser de l'autre côté dès qu'elle s'ouvrirait. Tiburce ne peut pas détruire la Terre. Il faudrait une explosion d'une puissance inimaginable. C'étaient des paroles en l'air. N'est-ce pas, Tiburce ?

Rex jouait avec ses gants spatiaux.

— Tiburce ? insista Éric.

— Cela pourrait arriver, marmonna-t-il. Mais ce ne serait pas ma faute. J'en ai entendu parler au cours de mes voyages…

À cet instant précis, les yeux de Pooky étincelèrent et ouvrirent une porte donnant sur la salle blanche, dans l'Agence spatiale globale, aux États-Unis, sur la planète Terre !

Cette fois-ci, ses yeux jaunes comportaient des veines bleues et vertes ainsi que des paillettes blanches.

Ils reflétaient la plus belle planète de l'Univers, une planète ni trop chaude ni trop froide, disposant d'eau liquide à sa surface, où la gravité et l'atmosphère convenaient à merveille aux êtres humains, où prospéraient montagnes et déserts, océans, îles, forêts et arbres, oiseaux et plantes, animaux, insectes et hommes – beaucoup, beaucoup d'hommes.

Où il y avait la vie.

Parfois, si possible, intelligente.

Épilogue

— Longue vie et prospérité ! s'exclama Emmett en exécutant le salut vulcain.

Puis il monta dans la voiture de son père. Les vacances étaient terminées, il retournait chez lui. Un grand sourire aux lèvres, son père – la copie conforme d'Emmett en plus grand – leva la main de son volant et les salua de la même manière.

Annie et ses parents, Georges et sa grand-mère agitaient la main devant la véranda.

— On se voit l'été prochain ! lui cria Georges.

— Emmett, tu es le meilleur ! lança Annie. Ne nous oublie pas !

— Vous êtes à jamais stockés dans ma banque de mémoire, répondit Emmett tout en attachant sa ceinture. J'ai passé des vacances géniales. Vous allez me manquer.

Il renifla.

— Papa, je me suis fait des amis, et maintenant je vais les perdre, gémit-il.

— Impossible ! répliqua Annie. Je compte saturer ta messagerie. Georges aussi !

— Tes amis aimeraient peut-être venir quelques jours chez nous ? suggéra le père d'Emmett. Ta maman serait tellement contente de les rencontrer.

— À moins que j'aille en Angleterre… Annie m'accompagnerait… Nous verrions Georges… On parlerait science…

Éric s'approcha de la portière.

— Bien joué, Emmett. Tu nous as sauvés.

— Pardon ? demanda son père. Qu'est-ce que tu as fait ?

— Nous jouions… commença Emmett.

— Et tu as gagné ? compléta son père.

— Personne n'a vraiment ni gagné ni perdu, rectifia Emmett. Nous avons juste atteint le niveau supérieur.

Son père démarra la voiture.

— Merci, Éric. Je ne sais pas ce que tu as fait à mon fils, mais on dirait que la magie a opéré, ici !

— Il n'y a rien de magique ! s'indigna Emmett, l'air dégoûté. C'est une question de science et d'amitié. Les deux ensemble.

Louise agitait sa canne.

— Rendez-vous à l'ultime frontière, Emmett ! lui cria-t-elle.

La voiture s'éloigna. Alors que chacun retournait vaquer à ses occupations, le bipeur d'Éric bipa. Le laboratoire lui envoyait des nouvelles de Mars. Éric sourit jusqu'aux oreilles quand il les lut.

— C'est Homer ! s'écria-t-il. Il fonctionne de nouveau correctement. Il a découvert des preuves visuelles de la présence d'eau sur Mars. À mon avis, les preuves chimiques ne vont plus tarder.

— Qu'est-ce que cela signifie ? demanda Georges.

— Qu'une autre fête s'impose !

— Comptez-vous inviter Rex ? Je parie qu'il n'a pas participé à une fête depuis des années.

Après être revenus du système 55 Cancri, grâce à Cosmos et à Pooky, le nano-ordinateur spécial de Rex, les deux hommes avaient longuement discuté sous la véranda. Postés dans leur arbre, Georges, Emmett et Annie avaient eu beau tendre l'oreille, ils n'avaient perçu que des marmonnements de la part des deux anciens collègues. Néanmoins, la conversation s'était terminée en bons termes. Rex leur avait souri quand il était venu leur dire au revoir. Éric lui avait trouvé une place dans un institut où il pouvait reprendre ses études. Un endroit sympathique et calme, avait dit Éric, où Rex pourrait rattraper son retard et s'investir à nouveau dans la vraie science.

Éric aidait Rex à une condition : qu'il lui laisse Pooky. Ainsi, il pourrait superviser une remise en état complète des deux machines et chercher s'il était possible de les mettre toutes les deux en réseau. Pour l'instant, Pooky et Cosmos gisaient en pièces détachées pendant qu'Éric réfléchissait à la meilleure tactique. Il ne serait donc pas question de voyage cosmique d'ici un bon bout de temps.

Éric ne fut pas le seul à recevoir des signes de vie. Quand le téléphone sonna dans la journée, Suzanne décrocha et passa le combiné à Georges. Ses parents appelaient depuis le Pacifique Sud.

Les satellites avaient repéré le père de Georges, si bien qu'une équipe de secours avait été dépêchée sur place et l'avait ramené.

— Georges ! s'exclama Rosemarie sur la ligne qui grésillait. Nous sommes sains et saufs. Nous vous retrouvons, toi et mamie, bientôt. On passe par la Floride. Et...

Elle fit une pause, comme si elle hésitait à poursuivre. Puis elle lâcha en toute hâte :

— Nous avons une grande nouvelle à t'annoncer ! Nous pensions attendre de te voir pour t'en parler, mais je ne peux pas me retenir plus longtemps. Tu vas avoir un petit frère ou une petite sœur ! N'est-ce pas merveilleux ? Tu ne seras plus seul, désormais. Tu es content ?

Content ? Abasourdi, oui. Pendant tout ce temps, ils avaient cherché des formes de vie dans l'Univers, et une toute nouvelle grandissait dans le ventre de sa mère !

— On se voit dans deux jours, poursuivit sa maman.

— Waouh ! lâcha Georges après avoir raccroché. Ma maman est enceinte ! annonça-t-il aux autres.

— Oh ! C'est trop génial ! s'exclama Annie.

— Grumpf, marmonna Georges, qui se demandait comment elle réagirait si ses parents lui jouaient un tour pareil.

— Non, c'est cool, insista Annie. Nous aurons un nouveau compagnon d'aventures cosmiques !

— C'est hors de question ! proclama Éric. Pas de bébé dans l'espace, Annie. C'est une règle. En fait, la règle dit : plus d'enfants dans l'espace.

— Mais, papa… gémit Annie. Qu'allons-nous faire ? On va drôlement s'ennuyer.

— Tu retournes bientôt à l'école, Annie. Tu n'auras pas le temps de t'ennuyer, crois-moi.

Annie grimaça.

— Beuh… Les parents de Georges ne pourraient pas m'accueillir ?

— Tiens, c'est amusant que tu en parles ! remarqua Éric. J'envisageais de te ramener en Angleterre. Maintenant que Homer fonctionne et qu'il a trouvé de l'eau sur Mars, il est peut-être temps que je prenne part à une autre expérience qui a cours en Europe, en Suisse plus exactement. Nous pourrions rentrer tous les trois en Angleterre – les trajets seront moins longs pour moi.

— Hip hip hip ! hourra ! hurlèrent Georges et Annie à l'unisson.

Jamais plus ils ne seraient séparés.

Les deux amis s'assirent sur la terrasse. Que pouvaient-ils bien faire, maintenant que leurs défis étaient relevés et qu'Emmett était parti ?

Georges s'empara du *Petit Guide de l'Univers* posé sur la table de jardin.

— Éric ? Je voulais vous demander quelque chose…

— Oui ?

— Quand nous étions… (Georges baissa d'un ton)… là-haut, Rex a dit que vous compreniez l'Univers. C'est vrai ?

— Eh bien, oui, répondit Éric en toute modestie.

— Comment est-ce possible ?

Éric lui sourit.

— Tourne les dernières pages du livre, Georges. Et tu découvriras la réponse à ta question…

POUR COMPRENDRE L'UNIVERS

L'Univers est gouverné par des lois scientifiques. Elles déterminent la manière dont il a commencé et dont il évolue dans le temps. Le but de la science consiste à découvrir les lois et leur signification. Il s'agit là de la plus fabuleuse chasse au trésor parce que dans le coffre se trouve la compréhension de l'Univers et de son contenu. Comme nous n'avons pas encore découvert toutes les lois, la chasse continue, mais nous en avons déjà un très bon aperçu, excepté dans les conditions les plus extrêmes.

Les lois les plus importantes sont celles qui décrivent les forces.

Pour l'instant, nous connaissons quatre forces fondamentales :

La force électromagnétique (EM)

Elle assure la cohésion des atomes et régit les ondes lumineuses, les ondes radio, et les appareils électroniques comme les ordinateurs et les téléviseurs.

La force ou interaction faible (W)

Elle est responsable de la radioactivité et joue un rôle vital dans le fonctionnement du Soleil et dans la formation d'éléments au sein des étoiles et de l'Univers à son commencement.

La force ou interaction forte (S)

Elle est responsable de la cohésion du noyau d'un atome et fournit leur puissance aux armes nucléaires et au Soleil.

La force gravitationnelle

C'est la plus faible des interactions mais elle maintient les hommes sur Terre, la Terre et les planètes en orbite autour du Soleil, le Soleil en orbite autour du centre de la Galaxie, etc.

Nous disposons de lois qui décrivent chacune de ces forces. Mais les scientifiques pensent qu'il existe une clé unique de l'Univers et non quatre. Nous croyons que cette division en quatre forces est artificielle et que nous devons être capables d'unifier en une seule théorie les lois qui décrivent ces forces. Pour l'instant, nous sommes parvenus à combiner les forces électromagnétique et faible. Il doit être possible de combiner ces deux-là avec la force forte, mais il est encore plus difficile d'unifier les trois avec la gravitation parce que cela courbe l'espace et le temps.

Néanmoins, nous avons un candidat sérieux pour la théorie unifiée de toutes les forces, qui serait la clé de la compréhension de l'Univers. Il s'agit de la théorie M. Comme elle vient d'être élaborée, certaines personnes affirment que le M signifie « mystère ». Grâce à cette théorie, nous allons enfin comprendre l'Univers depuis le Big Bang jusqu'à un futur très lointain.

Éric

INDEX DES ENCADRÉS SPÉCIFIQUES

Il y a beaucoup de données scientifiques dans ce livre, mais on trouve aussi un certain nombre d'encadrés, où des faits et des informations sont fournis sur des sujets bien spécifiques. Certains lecteurs auront peut-être envie de les consulter séparément.

Remerciements

Cet ouvrage s'accompagne de nos remerciements sincères à :

Jane et Jonathan ; sans leur gentillesse et leur soutien, ce livre n'existerait pas. William pour sa douceur et sa bonne humeur avec sa mère et son grand-père qui écrivaient un autre roman.

Garry Parsons pour ses dessins qui illustrent à la perfection l'intrigue, l'aventure et les personnages.

Geoff Marcy pour sa conférence fascinante à l'Institut d'astronomie de Cambridge, qui a inspiré le thème de ce livre.

Les éminents scientifiques qui ont rendu ce livre accessible à un jeune public, au travers des essais qui composent *Le Petit Guide de l'Univers*. Ils se nomment Bernard Carr, Seth Shostak, Brandon Carter, Martin Rees et Geoff Marcy. Leurs connaissances, leur expertise et leur enthousiasme nous ont encouragés tout au long du projet.

Stuart Rankin de l'université de Cambridge pour avoir écrit aussi brillamment sur la manière dont voyagent la lumière et les sons.

Nos amis de la NASA et toutes les personnes des différents départements qui ont pris le temps et la peine de nous parler du travail de la NASA et de son fonctionnement. Nous aimerions remercier en particulier : Michael Griffin, Michael O'Brien, Michael Curie et Bob Jacobs.

Kimberly Lievense et Marc Rayman du laboratoire Jet Propulsion en Californie pour nous avoir expliqué les vols spatiaux inhabités.

Kip Thorne et Leonard Mlodinow de Caltech pour leurs conseils et leur amitié.

Richard Garriott et Peter Diamandis de Space Adventures pour leur énergie et leur enthousiasme. Merci à Richard de nous avoir inclus – ainsi que le premier *Georges* – dans son aventure spatiale réelle ! Grâce à lui, *Georges et les secrets de l'Univers* a visité la Station spatiale internationale !

Markus Poessel pour son attention aux détails et ses commentaires toujours utiles.

George Becker et Daniel Stark de l'Institut d'astronomie de Cambridge pour leurs commentaires inestimables.

Sam Blackburn et Tom Kendall pour avoir répondu avec une grande patience à des questions interminables et étranges sur la science, l'ingénierie et l'informatique.

Tif Loehnis et tous ceux de Janklow and Nesbit, UK, pour leur gentillesse et leur travail de fond sur la série des *Georges.* Merci à Eric Simonoff du bureau de New York d'avoir envoyé une nouvelle fois Georges aux États-Unis.

Chez Random House: notre merveilleuse éditrice Sue Cook pour son énorme travail qui a permis l'achèvement de *Georges et les trésors du cosmos* et en a fait un livre magnifique. Lauren Buckland pour son travail de fourmi sur le texte et les images; Sophie Nelson pour sa soigneuse révision et James Fraser pour sa merveilleuse couverture. Maeve Banham aussi et son équipe du service des droits, pour s'être assurées que *Georges* touche un public international. Et un merci particulier à Annie Eaton pour son dévouement et sa passion pour *Georges.*

Keso Kendall pour nous avoir fourni le vocabulaire d'un super-ordinateur adolescent.

Toute « l'équipe », à la maison et à l'université, pour leur patience et leur générosité envers le deuxième *Georges.*

Les derniers, mais non les moindres: nos jeunes lecteurs Melissa Ball, Poppy et Oscar Wallington, Anthony Redford et Joanna Fox pour leurs intéressantes critiques et leurs remarques très utiles sur *Georges et les trésors du cosmos.* Et nous aimerions aussi remercier tous les enfants qui ont posé des questions, qui ont écrit, envoyé des e-mails, ou sont venus aux conférences et ont eu le courage de se lever et de nous interroger à la fin. Nous espérons que ce livre vous apportera quelques réponses, et, surtout, ne vous arrêtez jamais de demander: « Pourquoi ? »

Lucy et Stephen Hawking

À propos des auteurs

LUCY HAWKING est l'auteur de deux romans, a collaboré avec de nombreux journaux britanniques, la télévision et la radio. Lucy a donné des conférences sur l'astronomie et les voyages dans l'espace aux enfants du monde entier, y compris lors des célébrations du cinquantième anniversaire de la NASA aux États-Unis. Sa participation à « Project Immortality » a eu pour conséquence l'envoi de son ADN dans l'espace. Il est désormais conservé à bord de la Station spatiale internationale au cas où les hommes périraient accidentellement. Lucy a remporté le prix Sapio pour la vulgarisation de la science en 2008. Elle vit à Cambridge avec son fils.

STEPHEN HAWKING est professeur lucasien de mathématiques à l'université de Cambridge. Il est considéré comme l'un des physiciens théoriques les plus brillants au monde depuis Einstein. Son ouvrage pour le grand public, *Une brève histoire du temps*, s'est imposé comme un énorme best-seller et a été traduit en plus de trente langues. Son dernier ouvrage, *The Grand Design* (en collaboration avec Leonard Mlodinow), paraîtra en octobre 2009.

À propos de l'illustrateur

GARRY PARSONS a étudié les beaux-arts à Canterbury puis l'illustration à l'université de Brighton. Son travail lui a valu plusieurs prix, comme le Red House Children's Book Award en 2004 pour *Billy's Bucket*. Garry vit à Londres.

Rejoignez Georges dans une autre dimension sur :

http://georges.pocketjeunesse.fr

Explorez les confins de l'Univers, accédez à des contenus exclusifs, participez à des concours, testez vos connaissances et inscrivez-vous à la newsletter !

Des livres plein les poches, POCKET jeunesse des histoires plein la tête

Déjà paru :

Georges et les secrets de l'Univers

Prochain roman à paraître en 2011

Cet ouvrage a été composé par
PCA - 44400 REZE

Cet ouvrage a été achevé d'imprimer en août 2009
dans les ateliers de Normandie Roto Impression s.a.s.
61250 Lonrai
N° d'imprimeur : 09-2697
Dépôt légal : septembre 2009

Imprimé en France

12, avenue d'Italie

75627 PARIS Cedex 13